Haarfarben und Haarfärbung

Praktische Methodik der Herstellung und Anwendung der Haarfärbemittel

Von

Dr. Fred Winter
Wien

Mit 11 Textabbildungen

Wien
Verlag von Julius Springer
1930

ISBN 978-3-7091-3188-6 ISBN 978-3-7091-3224-1 (eBook)
DOI 10.1007/978-3-7091-3224-1

Vorwort

Die große praktische und ästhetische Bedeutung des Haarfärbens durfte es wohl wünschenswert erscheinen lassen, auch diesen Zweig der praktischen Kosmetik vom wissenschaftlich-praktischen Standpunkte so zu beleuchten, daß dem chemisch-wissenschaftlichen Moment hier nicht länger jene Bedeutung versagt wird, die ihm auch hier ohne Zweifel zukommt.

Tatsächlich können nur durch Kenntnis und Anwendung gewisser chemischer Grundprinzipien, nicht nur bei der Herstellung sondern ganz besonders auch beim praktischen Gebrauch von Haarfärbemitteln gewisse Mißstände beseitigt werden, die sich in der gedankenlosen Schädigung des Haares und jenen leider recht zahlreichen Mißerfolgen äußern, die in der Mehrzahl der Fälle nur auf Unkenntnis gewisser chemischer Elementarbegriffe zurückzuführen sind.

Vorliegende Arbeit hat es sich zur Aufgabe gemacht, einerseits das Interesse wissenschaftlicher Kreise für dieses interessante Gebiet der Kosmetik in vielleicht erhöhtem Maße zu erwecken, anderseits aber auch den intelligenten Applikationsfachmann dazu anzuregen, sich die unerläßlichen chemischen Elementarkenntnisse anzueignen, die allein eine sachgemäße Ausführung der Haarfärbung gestatten können und heutzutage gebieterisch gefordert werden müssen.

Ganz besonders zu begrüßen wäre es aber, wenn seriöse wissenschaftliche Mitarbeit auf diesem ungemein interessanten Gebiete, auf dem noch ungezählte Probleme zu lösen sind, auch bei der Anwendung der Haarfarben in intensiverem Maße einsetzen würde als dies bisher geschehen ist, weil hierdurch nicht nur der Ausübung dieser uralten Kunst, sondern auch der Allgemeinheit recht ersprießliche Dienste geleistet werden könnten.

In der Förderung solcher Bestrebungen möge die wesentlichste Tendenz vorliegender Arbeit erblickt werden.

Ich nehme hier gerne Veranlassung, Herrn Damenfriseur Adolf Nefzger in Wien für Überlassung praktischen Materials zu danken.

Wien, im Januar 1930.

Dr. Fred Winter

Inhaltsverzeichnis

Erster Teil:

Zweiter Teil:

Dritter Teil:

Erster Teil

Das lebende menschliche Haar als Färbeobjekt

Das physiologische Bild des Haares ist jenes langgestreckter Röhrchen, deren äußere Umhüllung aus Hornzellenmasse (Keratin) besteht.

Dieser hornartige Mantel des Haares interessiert uns hier ganz besonders als Träger der natürlich färbenden Substanz und als jener Teil des künstlich zu färbenden Haares, der, in senil degeneriertem, also entfärbtem Zustand, die künstliche Färbung durch Lackbildung festhält.

Das Keratin, das wir also als wesentlichsten Bestandteil des Haares anzusehen haben, ist ein organischer Körper, der etwa 50% Kohlenstoff, 20% Sauerstoff und 5% Schwefel enthält. Keratin ist unlöslich in Alkohol und Äther, dagegen löslich in konzentrierten heißen alkalischen Lösungen. Verdünnte, schwache Alkalien erweichen die Keratinschicht des Haares, konzentrierte starke Alkalien zerstören sie rasch und verwandeln das Haar in eine schwammige Masse. Diese Tatsache ist von allergrößter Bedeutung beim Haarfärben, wie wir später sehen werden. Über das Wesen der natürlichen Färbung des Haares wissen wir so gut wie gar nichts. Man nimmt an, daß der natürliche Farbstoff des Haares mit dem Hautpigment Melanin verwandt ist, anderseits enthält der natürliche Haarfarbstoff Eisen und Schwefel in wechselndem Verhältnis und darf wohl angenommen werden, daß derselbe diese beiden Komponenten in Form komplexer Verbindungen organischer Natur enthält.

So nimmt man an, daß enthalten:

Schwarze Haare viel Eisen und viel Schwefel;
braune Haare viel Eisen und weniger Schwefel;
rote Haare etwa gleiche Mengen Eisen und Schwefel;
blonde Haare wenig Eisen und viel Schwefel;
graue Haare kein Eisen und wenig Schwefel;
weiße Haare weder Eisen noch Schwefel.

Wie weit diese Annahme gerechtfertigt ist, muß dahingestellt bleiben, sie hat jedenfalls lediglich dokumentarisches Interesse. Über den Mechanismus der natürlichen Pigmentbildung und Anhäufung von Farbstoff im lebenden Haare ist nichts bekannt; ebenso sind die Ursachen des Ergrauens nicht festzustellen. Jedenfalls kann das Schwinden des natürlichen Haarfarbstoffes, das sich durch Ergrauen bzw. Weißwerden der Haare äußert, wohl in gewissem Sinne als normale Alterserscheinung aufgefaßt werden, anderseits behalten aber viele Personen bis ins hohe Alter ihre ursprüngliche Haarfarbe, während andere schon in jugendlichem Alter ergrauen. Sicher dürften nervöse Einflüsse beim früheren Ergrauen der Haare eine Rolle spielen, wie dies denn auch die relativ häufig beobachteten Fälle plötzlichen Ergrauens nach nervösen Depressionen und plötzlichem Schreck zu beweisen scheinen.

Jedenfalls steht das Haar in engster Beziehung zum Nervensystem und können nervöse Störungen des Organismus das normale Wachstum der Haare sehr ungünstig beeinflussen (Ausfallen, Kahlköpfigkeit, kreisfleckige Kahlheit usw.), wie denn auch nervöse Einflüsse die Struktur des zu färbenden Haares stark in Mitleidenschaft ziehen, ein Umstand, der färbetechnisch von größter Bedeutung ist.

Das Phänomen des Ergrauens der Haare gibt Gelegenheit zu folgenden, auch färbetechnisch wichtigen Beobachtungen:

Wenn die Haare in größerer Ausdehnung ergrauen, erscheint auch die nicht ergraute Partie der Haare viel heller, obwohl jene Haare, die ihre ursprüngliche Farbe beibehalten haben, in diesem Falle durch Pigmentanreicherung stets dunkler werden.

Tritt das Ergrauen nur an einzelnen Stellen ein (graue Strähne), so kann man stets eine besonders starke Nachdunklung der nicht in Mitleidenschaft gezogenen Haare in unmittelbarer Nähe der ergrauten Stellen beobachten.

Ähnlich liegt übrigens der Fall bei der künstlichen Entfärbung (Blondierung) des Haares mit Wasserstoffsuperoxyd. Auch dort kann man beobachten, daß die nachwachsenden Haare zuerst stets dunkler sind als die ursprüngliche Haarfarbe war.

Das ergraute Haar besitzt stets eine kräftigere Struktur als die nicht ergrauten Haare.

Einfluß der Individualität des Haares auf das Resultat der Färbung

Es ist von allergrößter Wichtigkeit, daß der Haarfärbe-Praktiker sich darüber Rechenschaft gibt, daß sich nicht alle

Haare gleich gut färben lassen und daß es keine universell verwendbare Haarfarbe geben kann, weil eben wirklich gute Färberesultate nur erzielt werden können, wenn der individuellen Verschiedenheit des Haares durch rein individuelle Behandlung jedes einzelnen Falles gebührend Rechnung getragen wird.

Von größtem Einfluß auf das Resultat der Färbung ist die Struktur des Haares, die bei ein und derselben Person, je nach dem Sitz der Haare (Schläfenhaar, Nackenhaar usw.) ganz verschieden sein kann und in der Regel auch ist. Bei Männern besteht auch ein großer Unterschied zwischen Kopf- und Barthaar, worauf hier zunächst nur ganz allgemein hingewiesen sei.

Auch die chemische Zusammensetzung des zu färbenden Haares (Schwefelgehalt) kann von Bedeutung sein, was hier nur kurz eingeschaltet sei. Ganz allgemein gesprochen, kann die Struktur des Haares je nach der Konstitution, der Rasse und dem Geschlecht ganz verschieden sein, was praktisch in einer vermehrten oder verminderten Aufnahmefähigkeit für Haarfarben zum Ausdruck kommt.

Im allgemeinen kann man sagen, daß weiche, zarte Haare sich viel schwerer färben lassen als derbe, grobe Haare. So wird sich also Frauenhaar meist schwerer färben lassen als Männerhaar, obwohl hier eine absolute Regel nicht aufgestellt werden kann. Direkt maßgebend für die Aufnahmefähigkeit der Haare ist der Härtegrad der Hornhülle des Haares. Es kann ein derbes Haar eine relativ weichere Hornhülle haben als weiches feines Haar, wie die Tatsache der durchwegs leichteren Anfärbbarkeit des derben Barthaares beweist. Anderseits färben sich Haare besonders feiner Struktur, wie Schläfen- und Nackenhaare besonders schwierig, aber auch sehr derbe, harte Haare mit harter, schwer erweichbarer Keratinschicht. Es kann also auch feines Haar eine harte Hornhülle besitzen, die der Aufnahmefähigkeit für Farbstoffe hinderlich ist, soweit die Härte der Hornhülle allein für die schwere Anfärbbarkeit verantwortlich zu machen ist, was aber keineswegs etwa zum absoluten Dogma erhoben werden kann. Am besten färben sich jedenfalls Haare mittleren Härtegrades der Hornhülle. Diese Hornhülle spielt als solche bei der Farblackbildung eine erhebliche Rolle. Eine schlecht entwickelte Keratinhülle ist der Färbung hinderlich, weil eine solide Lackbildung hier überhaupt nur schwer möglich ist. Dieser Fall erhellt die außerordentlich schwierige Anfärbung des Nachwuchses, der aus weichen keratinarmen Haaren besteht. (Allerdings sind die Nachwuchs-Haare auch sehr fettreich, was für sich allein schon die Anfärbung erschwert.)

Nach dieser Tatsache ließe sich die schwere Anfärbbarkeit zarter, feiner Haare in gewissem Sinne auch durch einen Mangel an Keratinsubstanz erklären, die leichte Anfärbbarkeit derber Haare aber auf das Vorhandensein einer kräftig entwickelten Keratinhülle zurückführen. Direkt ausschlaggebend für das Gelingen einer haltbaren Färbung ist also eine gut entwickelte Keratinschicht, die mit dem Farbstoff als Lackbildner reagieren kann. Ebenso wichtig ist es aber auch, daß die Hornhülle durch vorherige Behandlung (warmes Waschen) hinreichend erweicht wird bzw. erweicht werden kann, um eine Absorption der Farbstoffe im nötigen Ausmaße zu ermöglichen.

Nur eine genügend entwickelte, zweckmäßig erweichbare und im Augenblick der Färbung hinreichend poröse Hornhülle gewährleistet also eine genügend leichte und dauerhafte Färbung des Haares. Wir sind zur Erklärung des Phänomens der Absorption des Farbstoffes durch das Haar auf Hypothesen beschränkt, um eine einigermaßen plausible Deutung für gewisse Abweichungen zu finden. Generell wichtig ist es jedenfalls, daß der Praktiker sich darüber Rechenschaft gibt, daß mit einer einheitlichen Struktur des zu färbenden Haares überhaupt nicht gerechnet werden darf und daß die Härtegrade, bzw. die Aufnahmefähigkeit der einzelnen Haarpartien, sehr variabel sind, er also nicht erwarten darf, daß, ohne besondere Maßnahmen, alle Teile des zu färbenden Haares gleichmäßig angefärbt werden.

Zu dieser Schwierigkeit, verursacht durch Verschiedenheit der Struktur des Haares gesellt sich aber noch eine andere, jene der wechselnden Individualität des Haares, verursacht durch nervöse Einflüsse oder Zirkulationsstörungen im Organismus. Abgesehen von nervösen Erkrankungen ernsteren Charakters, die auch Haarausfall oder Ergrauen des Haares bewirken können, genügen oft geringfügige Störungen im Wohlbefinden (Migräne und so weiter) und wechselnde Blutfülle um die Aufnahmefähigkeit des Haares für Farbstoffe ganz empfindlich herabzusetzen. Eine solche Widerspenstigkeit gegen Haarfarben ist auch häufig während der Menstruation zu beobachten und sind während dieser Haarfärbungen zu unterlassen.

Auch gewissen Idiosynkrasien, die sich in Widerspenstigkeit der Haare gegen ganz bestimmte Sorten von Haarfärbemitteln äußern, ist Rechnung zu tragen. So kommt es häufig vor, daß das Haar sich mit Metallfarben (besonders Silberfarben) nicht färben läßt, aber sehr gut mit Henna (Müller) usw.

Vorstehende Ausführungen beziehen sich selbstverständlich auf genügend entfettetes Haar. Fette Haare lassen sich nicht dauerhaft färben, weil der Farblack nicht greift, geben auch häufig zu Mißfarben (grüne Flecke) Anlaß. Die Entfettung des Haares ist also eine unerläßliche Vorbedingung und muß vor jeder Applikation durchgeführt werden (vgl. S. 10 und S. 95). In manchen Fällen kann ein abnormaler Fettgehalt der Haare als hindernd in Frage kommen. So z. B. bei Behandlung des Nachwuchses.

Zu häufige Anwendung von Haarfärbemitteln setzt durch Übersättigung die Aufnahmefähigkeit des Haares für Farbstoffe wesentlich herab und kann so die Ursache von Fehlresultaten werden, die sich entweder in zu dunkler Färbung äußern oder in ungenügender, wenig haltbarer Färbung zum Ausdruck kommen. Es liegt auf der Hand, daß zu häufiges Färben die Aufnahmefähigkeit der Haare erschöpft und die Haare schädigt. Es soll also ein genügend langer Zeitraum zwischen zwei Applikationen liegen, was immer zu bedenken ist.

Früher vorgenommene Färbungen des Haares, die mit der beabsichtigten Färbemethode nicht im Einklange stehen, wirken stets störend und können vollständigen Mißerfolg bewirken (z. B. Silberfärbungen oder andere Metallfärbungen, wenn z. B. eine Henna-Applikation beabsichtigt ist). Alte Färbungen müssen durch „Abziehen" entfernt werden (vgl. S. 93), ehe zur neuen Färbung geschritten wird.

Was die Färbung des Nachwuchses (Wurzelretouchen) anlangt, so haben wir bereits kurz darauf hingewiesen, daß derselbe nur sehr schwer greift. Dies hat seinen Grund einmal in dem außerordentlichen Fettreichtum der neu wachsenden Haare an der Wurzel, dann aber auch darin, daß die Keratinschicht des Nachwuchses nur schwach entwickelt ist, was die Lackbildung erschwert. Kräftiges Entfetten wird also hier nötig sein, auch Vorbehandeln des Nachwuchses mit Wasserstoffsuperoxyd begünstigt die Färbung in vielen Fällen. Alle technischen Einzelheiten der Nachwuchsfärbung werden später eingehend berücksichtigt werden.

Schädigende und günstige Einflüsse auf das Haar im allgemeinen

Ganz allgemein gesprochen, wirken Alkalien, mißbräuchlich angewendet, ungünstig auf das Haar, schwache, bzw. genügend verdünnte Säuren günstig. Zu konzentrierte Säuren, besonders Mineralsäuren (Salzsäure, Salpetersäure und Schwefelsäure) rufen ebenfalls schwere Schädigungen des Haares hervor, ebenso wie zu konzentrierte, besonders ätzende Alkalien.

Auch zu häufige Anwendung verdünnter Alkalien (Soda, Pottasche, Ammoniak usw.) ebenso zu häufige Waschungen mit Seife, besonders alkalischer Seife, bewirken Schädigungen des Haares, ganz abgesehen davon, daß die Alkalien die natürliche Farbe des Haares in unerwünschter Weise verändern (rötliche, fuchsige Tönungen). Diese mißbräuchliche Verwendung der Alkalien beeinträchtigt auch den natürlichen Glanz des Haares und macht es stumpf und brüchig, infolge zu weitgehender Entfettung, es muß also auch bei den gebräuchlichen Entfettungsmethoden der Haare jede zu brüske bzw. zu tiefgehende Fettentziehung absolut vermieden werden, weil hierdurch dem Haare Nährstoffe entzogen werden, ein Mißgriff, der in vielen Fällen Haarschwund zur Folge hat.

Es versteht sich von selbst, daß auch Äther, Benzin und Tetrachlorkohlenstoff hier durch zu tiefgehende Fettentziehung direkt schädlich wirken können und fast immer schädlich wirken, ein Umstand, dem durch vorsichtige Verwendung dieser besonders energischen Entfettungsmittel Rechnung zu tragen ist.

Zurückkommend auf die Alkaliwirkung sei folgendes bemerkt:

Alkalien entziehen dem Haar, wenn richtig angewendet, das überschüssige Fett, das das Greifen der Farbe hindern würde, durch Verseifung bzw. Emulgierung. In entsprechend verdünnter Form und als schwache Alkalien (Soda, Ammoniak, Pottasche oder Borax) verwendet, entfernen diese nur das überschüssige Fett und erweichen die Hornhülle, was besonders durch Verwendung warmer alkalischer Lösungen oder Seifenlösung (die ebenfalls als schwaches Alkali wirkt) erreicht wird.

Unter normalen Verhältnissen und vorausgesetzt, daß die alkalischen Lösungen nicht zu lange in Kontakt mit dem Haar bleiben, also baldigst durch Nachspülen mit Wasser entfernt werden, ist eine Schädigung des Haares ausgeschlossen. Zu lang andauernder Kontakt oder gar Eintrocknen der alkalischen Lösungen auf dem Haar ist als absolut schädigend zu vermeiden. Um jede schädigende Nachwirkung des Alkalis zu verhindern, ebenso um jede unerwünschte Beeinflussung der künstlichen Färbung a priori auszuschließen, empfiehlt sich stets eine saure Spülung (Citronensäure-, Weinsäurelösung, Essigwasser u. dgl.) nachfolgen zu lassen.

Das harmloseste Alkali ist der Borax, der selbst in konzentrierten Lösungen nicht schädigend wirkt, doch ist seine emulgierende und damit entfettende Wirkung nur relativ schwach. Besonders gefährlich können zu konzentrierte Ammoniaklösungen werden, die das Haar, namentlich bei längerer Einwirkung stark angreifen. Ätzende Alkalien, auch in verdünnter Form (Natron- und Kalilauge) sind absolut auszuschließen.

Schwefelalkalien (Schwefelleber, Schwefelnatrium) zerstören die Haare rasch, weshalb ihre manchmal zu Korrekturen bzw. als Entwickler gewisser Nuancen angezeigte Verwendung nur mit allergrößter Vorsicht zulässig ist. Man denke immer an die klassische Verwendung der Schwefelalkalien als Enthaarungsmittel und an ihre prompte Wirkung zur Entfernung lästiger Haare, um sich von der rapiden Zerstörungsmöglichkeit der Haare durch leider manchmal nicht zu umgehende Mitverwendung der Schwefelalkalien bei der Haarfärbung Rechenschaft zu geben.

Behandlung des Haares mit verdünnten Lösungen gewisser Säuren vor allem Essigsäure, Citronensäure, Weinsäure bzw. Speiseessigwasser und Citronensaft, macht die Haare glänzend und geschmeidig, übt also in jeder Beziehung einen günstigen Einfluß aus. Mineralische Säuren kommen in sehr verdünnter Lösung zur Anwendung und zeigen dann ebenfalls günstigen Einfluß, obwohl ihre Verwendung besser unterbleiben sollte, auch durchaus nicht erforderlich erscheint, da die früher erwähnten Säuren in allen Fällen viel bessere Resultate ergeben.

Besonders wichtig ist die Säuerung des Haares nach der Entfettung mit Alkalien bzw. Seife, um jede unerwünschte Alkaliwirkung auszuschließen, ebenso als Schlußbehandlung des gefärbten Haares nach der Auswaschung, um den Glanz zu erhöhen (Avivieren).

Bekannt sind auch die Möglichkeiten schwerer Schädigung des Haares durch Behandeln mit Wasserstoffsuperoxyd, besonders, wie dies nötig wird, in ammoniakalischer Lösung. Es liegt auf der Hand, daß, bei der Wichtigkeit des Wasserstoffsuperoxyds als Bleichmittel (Blondierungsmittel) für die Haare, dieses sehr häufig zur Anwendung kommen muß, ebenso wird es aber auch als oxydierendes Agens (Entwickler), manchmal auch als Reduktionsmittel beim Abziehen alter Färbungen verwendet und dies leider sehr oft ohne die notwendige Vorsicht, weshalb Unfälle mit Wasserstoffsuperoxyd an der Tagesordnung sind.

Wir werden später noch öfters Gelegenheit haben, auf Einzelheiten und gewisse Vorsichtsmaßregeln bei der Verwendung des Wasserstoffsuperoxyds (bzw. aktiven Sauerstoff abspaltender Salze) ausführlicher einzugehen, an dieser Stelle sei nur auf einzelne Tatsachen hingewiesen, die die Möglichkeit einer Schädigung des Haares durch das Wasserstoffsuperoxyd erhellen.

Ganz allgemein gesprochen, scheint das Wasserstoffsuperoxyd günstig auf das Wachstum der Haare einzuwirken, wie denn auch dahingehende Beobachtungen gemacht und bestätigt worden sind. Indes dürfte dies nur auf kurzandauernde Behandlung der Haare zurückzuführen sein, denn in allen Fällen übt zu häufige Behandlung der Haare mit Wasserstoffsuperoxyd, besonders bei Gegenwart von Ammoniak einen schädigenden Einfluß aus. Dieser äußert sich prompt in Brüchigkeit des Haares, die bei zu langer Einwirkung der ammoniakalischen Wasserstoffsuperoxydlösung zur völligen Zerstörung des Haares führen kann. Hierbei ist aber, wie bereits erwähnt, ein gut Teil der Verantwortlichkeit dem Ammoniak zuzuschieben, bzw. den sich bildenden Ammoniumsalzen, die das Haar rasch zerstören, wenn nicht rasch nachgewaschen wird, oder gar die ammoniakalische Wasserstoffsuperoxydlösung auf dem Haare eintrocknet.

Nun ist die Mitverwendung des Ammoniaks obligatorisch zur prompten Abspaltung des aktiven Sauerstoffs, weshalb man durch entsprechende Vorsichtsmaßregeln schädigende Wirkungen vermeiden muß, was auch durchaus möglich ist, wie wir später sehen werden. Erwähnt sei hier nur noch ein Umstand, der ganz besonders schwere Gefahr für das Haar der zu färbenden Person mit sich bringt, wenn unvorsichtige Hände Wasserstoffsuperoxyd zum Abziehen alter Färbungen in Anwendung bringen. Würde man mit Metallsalzlacken imprägniertes Haar, ganz besonders Haar, das mit Eisensalzen gefärbt wurde, mit Wasserstoffsuperoxydlösung in Kontakt bringen, so würde sich eine äußerst heftige Reaktion einstellen, das Haar beginnt zu rauchen und kann vollständig verbrennen.

Formalin (Formol) also verdünnter Ameisenaldehyd kommt manchmal zur Anwendung, um zu schwammig gewordene Haare zu härten. Formalin ist also als Regenerationsmittel aufzufassen, das günstigen Einfluß auf die Haare ausübt. Es versteht sich aber von selbst, daß dieses Mittel nur mit äußerster Vorsicht verwendet werden darf, wegen seiner Reizwirkung auf die Schleimhäute und die Kopfhaut. (Vorsicht besonders für die Augen!)

Schädlichkeit des Haarfärbens

Es kann sicher nicht geleugnet werden, daß die künstliche Färbung der Haare von nicht gerade günstigem Einfluß auf die Struktur und besonders das Wachstum der Haare ist, obwohl schwere Schädigungen des zu färbenden Haares durch sachgemäß-vorsichtige Anwendung der Haarfarbe und nicht minder sachgemäße Durchführung des Vor- und Nachwaschens usw., hier auf ein Minimum herabgedrückt werden, das praktisch so gut wie gar nicht zur Auswirkung kommt.

Notorisch unschädlich, sowohl für das Haar wie die Gesundheit, ist die reine Hennafärbung und Henna-Reng-Färbung. Fast alle Autoren sind sich darüber einig, daß speziell Henna eine ausgesprochen günstige Wirkung auf das Wachstum der Haare auszuüben scheint. Dies läßt sich natürlich nicht im gleichen Maße von den Henna-Rastiks behaupten, obwohl diese modernsten aller Haarfärbemittel sicher harmloser Natur sind, dabei von vorzüglicher Wirkung, wie wir später sehen werden.

Was nun ganz speziell schädigende Einflüsse der Haarfarben auf die Gesundheit anlangt, so läßt sich hier folgendes sagen:

Notorisch schädlich und im höchsten Grade toxisch sind nur die berüchtigten Blei-Haarfarben und die Paraphenylendiaminhaarfarben, die mit Recht in den meisten Kulturstaaten prohibiert sind. Erst ganz kürzlich hat man auch in Österreich ein Unrecht gutgemacht, das man den Kupfersalzen angetan hatte, indem man sie als „giftig" verboten hatte. Unergründlich sind oft die Wege der Gesundheitsbehörden; niemand hat bis heute noch ergründen können, warum Kupfersalze als Haarfärbemittel giftig sein sollten, während man sie doch therapeutisch in recht großen Dosen verwendet und überhaupt kein einziger Fall von Kupfervergiftung durch Resorption durch die Haut bekanntgeworden ist. Jedenfalls sind Kupfersalze durchaus harmloser Natur, vielleicht noch viel harmloser als die Silbersalze. Bedenklich erscheint auch die Verwendung der Chromsalze, inwieweit die angebliche Schädlichkeit des Pyrogallols wirklich gerechtfertigt ist, steht noch dahin. Man sollte jedenfalls zu starke Konzentration der Pyrogallollösungen möglichst vermeiden. Alle anderen Färbeingredienzien sind praktisch harmlos, wobei indes immer folgendes zu berücksichtigen ist:

Unzweckmäßige Verwendung auch der harmlosesten Haarfarbe, kann gesundheitliche Störungen bei besonders empfindlichen Personen hervorrufen. Hier ist vor allem der Gebrauch der flüssigen Haarfarben in allzu reichlicher Menge zu beanstanden und absolut zu verwerfen. Es sollen niemals zu reichliche Mengen Lösung auf einmal aufgetragen werden, die Haare sollen nur schwach mit der Lösung durchfeuchtet sein.

Keinesfalls darf aber ein „Tränken" der Haare stattfinden und damit direkte Einwirkung großer Mengen flüssiger Haarfarbe auf die Kopfhaut, um jede Resorption von Metallsalzen u. dgl. durch die Poren der Kopfhaut zu vermeiden.

Diese mutwillige und leichtfertige, dabei aus färbetechnischen Gründen durchaus unzweckmäßige Art der übermäßigen Anwendung flüssiger Haarfarben ist eine stetige Gefahr und kann zu Gesundheitsstörungen Anlaß geben. Ferner ist immer Vorsicht am Platze bei Personen, die offene Stellen an der Kopfhaut oder Pickel u. dgl. aufweisen. Hier können durch Eintritt in die Blutbahn Gesundheitsschädigungen auftreten. Auch ist in allen Fällen an eine gewisse Überempfindlichkeit (Idiosynkrasie) gewisser Personen zu denken, die oft zum Auftreten von allerdings harmlosen Ekzemen führen kann.

Jedenfalls möge der Praktiker aus diesen Ausführungen die Lehre ziehen, daß nur peinlichste Sauberkeit und zweckmäßige Verwendung auch notorisch harmloser Haarfärbemittel gesundheitliche Schädigungen des Kunden und der Haare ausschließen können. Nur Gewissenhaftigkeit in den kleinsten Dingen und genaue Prüfung der Kopfhaut (offene Stellen usw.) können hier Schädigungen vermeiden helfen. Vor allem auch befolge der Praktiker das Prinzip, die Kopfhaut möglichst von direktem Kontakt mit der flüssigen Haarfarbe zu verschonen und die Farbe nicht länger liegen zu lassen als dies nötig ist. In allen Fällen ist möglichst rasches und gründlichstes Nachwaschen nach beendeter Lackbildung angezeigt.

Einfluß färbetechnischer Vorbehandlungsmethoden auf das Resultat der Färbung

Entfettung der Haare

Über das Wesen der Entfettung haben wir uns bereits früher geäußert. Eine in normalen Grenzen gehaltene Entfettung des Haares, die also einen unerwünschten Überschuß von Fett beseitigt, der der Färbung hinderlich wäre, ist durchaus unerläßlich, um eine dauerhafte Färbung zu erzielen und in vielen Fällen auch deshalb, um jede Mißfärbung auszuschließen (grüne Reflexe und so weiter).

Zur Entfettung des Haares genügt im allgemeinen eine gründliche Waschung mit guter, neutraler Seife, in hartnäckigeren Fällen (abnorm fettes Haar) sind schwache Alkalien in verdünnter Lösung heranzuziehen. In letzterem Fall ist eine Nachspülung mit angesäuertem Wasser unbedingt zu empfehlen, um jede Spur von Alkali aus dem Haar zu entfernen, ehe zur Färbung geschritten wird.

Es sollte die saure Nachspülung auch aus färbetechnischen

Gründen zum absoluten Prinzip gemacht werden, wenn nur mit neutraler Seife vorgewaschen wurde, weil auch Spuren von Alkali (auch neutrale Seife wirkt durch Dissoziation in wäßriger Lösung als mildes Alkali) die künstliche Färbung in unerwünschter Weise beeinflussen können. So kann Alkali auf die Töne der künstlichen Haarfärbung, je nach Art der Färbemittel, entweder nachdunkelnd oder aufhellend wirken, erster Fall ist der häufigere. Bemerkt sei hier in Parenthese, daß Alkali in einzelnen Fällen vorteilhaft interveniert, um fuchsige Töne künstlicher Färbungen abzuschwächen, im Gegensatz zur Tatsache, daß Alkalien die normale Haarfarbe fuchsig verändern. In solchen Fällen wird man aber das Alkali nach erfolgter Färbung verwenden, nötig ist es jedenfalls, das Haar vor der Färbung alkalifrei zu waschen.

Bezüglich des Entfettens mit Äther (Schwefeläther), Benzin und Tetrachlorkohlenstoff, die manchmal zur Behandlung sehr fetter Haare herangezogen werden, haben wir bereits einige Hinweise gegeben. Wir wiederholen, daß diese energisch wirkenden Mittel nur mit äußerster Vorsicht zu verwenden sind, um jede Schädigung des Haares durch Entziehen von zu viel Fett, also notwendigen Nährstoffen, zu verhüten.

Vorbehandlung der Haare mit Wasserstoffsuperoxyd

Diese übt in allen Fällen einen ganz erheblichen Einfluß auf die Färbung aus. Im allgemeinen kann man als ziemlich feststehend betrachten, daß mit Wasserstoffsuperoxyd vorbehandelte Haare stets etwa zwei Töne dunkler greifen als solche, die nicht vorgebleicht wurden. Es wird also eine blonde Haarfarbe auf mit Wasserstoffsuperoxyd vorbehandeltem Haar hell-kastanienbraun (Châtain clair) greifen, eine kastanienbraune dunkel-schwarzbraun usw. Hierbei ist allerdings der Grad der Vorbehandlung mit Wasserstoffsuperoxyd in vieler Beziehung ausschlaggebend und können in manchen Fällen durch direkte Mitwirkung des Wasserstoffsuperoxyds Effekte besonderer Art erzielt werden, die nicht immer nachdunkelnd sind, je nach der Art der Farbe, die zur Anwendung gelangt.

Wurden die Haare ordnungsgemäß vorgebleicht und ausgewaschen, bevor die Haarfarbe aufgetragen wird, so kann von einer direkten Mitwirkung des Wasserstoffsuperoxyds zwar keine Rede sein, die Nuance wird aber trotzdem stets in der angedeuteten Form dunkler greifen. Wurden die Haare kurz vor der Applikation mit Wasserstoffsuperoxyd getränkt und auf die so getränkten Haare direkt die Haarfarbe appliziert, dann kann von einer direkten Mitwirkung des Wasserstoffsuperoxyds gesprochen werden, die manchmal geübt wird, aber unter Umständen zu Unfällen (Rauchen und Verbrennen der Haare) Anlaß geben kann, also nicht zu empfehlen ist, wenn Metallsalze (besonders Eisensalze) zur Anwendung kommen.

Wir erwähnen letzteren Fall also eigentlich nur als unstatthaft, aus praktischen Gründen. Hier kann unter Umständen ebenfalls Nachdunkeln der Farbe, respektive rascheres Greifen der Farbe beabsichtigt sein durch Beschleunigung der Oxydation, es kann aber auch das Wasserstoffsuperoxyd — und dies auch nur in diesem Falle, nicht aber nach dem Vorbleichen und Trocknen — als Reduktionsmittel wirken und die Färbung abschwächen, was praktisch aber stets durch eine Nachbehandlung des gefärbten Haares (Vorsicht!!), nicht durch Vorbehandlung erreicht wird.

Einfluß der Wärme beim Haarfärben

Im allgemeinen wird bei uns die Haarfärbung bei Zimmertemperatur vorgenommen und nur selten unter Zuhilfenahme künstlicher Wärme, außer beim Trocknen des gefärbten Haares. Dies hat besonders Geltung für alle flüssigen Haarfarben (Metallsalzlösungen), während bei den Henna- und Henna-Rastikkompositionen die Applikation in Form eines heiß aufgetragenen Breies stattfindet.

Indes wird, speziell beim Hennafärben, heutzutage mehr und mehr künstliche Erwärmung (Wärmekappen) angewendet und sind auch Apparate geeigneter Konstruktion vorhanden, die die unerläßliche Anwendung feuchter Wärme ermöglichen, die bekanntermaßen auch die Ursache für das prächtige Gelingen der Hennafärbungen in den persischen Bädern ist. Jedenfalls sind die Methoden des heißen Breies und Einschlagen der gefärbten Haare in Tücher durchaus ungenügend, um den nötigen Wärmeeffekt zu erzielen. Wir werden weiter unten noch auf diese Frage zurückzukommen haben.

Einfluß des Lichtes auf die künstliche Färbung

Luft und Licht wirken anfänglich stets nachdunkelnd und entwickelnd auf die künstliche Färbung, ein Umstand, dem der erfahrene Fachmann durch Auswahl nicht zu dunkler Nuancen Rechnung zu tragen weiß. Die künstliche Färbung muß also bei Beendigung der Applikation stets etwa um eine Nuance heller sein als die definitive Nuance sein soll.

Bei längerer Einwirkung grellen Lichtes tritt dagegen ein gewisses Aufhellen der künstlichen Färbung ein, auch können hier unerwünschte Reflexe auftreten. Besonders die salzhaltige Luft der Seebäder richtet hier viel Unheil an und oft treten die häßlichsten Grün-, Lila- und Rottönungen auf, die ganz besonders bei Silberhaarfarben und Anilinhaarfarben zu bemerken sind. Hennafärbungen und auch Henna-Rastikfärbungen zeigen diesen Übelstand viel weniger und werden daher mit Recht immer häufiger verwendet.

Haltbarkeit der künstlichen Haarfarbe

Dieselbe variiert, je nach Art der Farbe, nicht unerheblich. Bei vielen Metallfärbungen nimmt die Farbe schon nach zirka drei bis vier Wochen erheblich ab, bei Hennafarben ist sie acht Wochen bis drei Monate gut haltbar, natürlich kommen in beiden Fällen nach zirka drei Wochen, eventuell schon früher, Wurzelretuschen in Frage.

Ganz allgemein gesprochen ist die Haltbarkeit einer künstlichen Haarfarbe stets eine relative, d. h. sie hängt von dem chemischen Charakter des Pigments, bzw. der mehr oder minder innigen Keratinlackbildung ab. So können z. B. in verdünnten Säuren lösliche Sulfide, wie Eisensulfid, Mangansulfid respektive andere lösliche Niederschläge, die nur locker mit dem Keratin verbunden sind, durch den sauren Kopfschweiß zerstört werden. Dasselbe trifft auch zu für Blauholz-Eisenfärbungen, wenn diese nicht durch genügendes Erwärmen (Henna-Rastiks) fixiert wurden.

In vielen Fällen zerstört auch zu grelle Belichtung an der Sonne die künstliche Färbung, soweit sich dieser Einfluß nicht auf bloße Verfärbung beschränkt (häßliche Reflexe), die korrigiert werden können. Besonders Wismutfarben bleichen rasch am Lichte aus.

Mechanismus und Wesen des Färbeprozesses

Zunächst seien die hauptsächlichsten Nuancen der Haarfarben kurz angeführt.

Blond und Aschblond (Blond Cendré)
Hellbraun (Châtain clair)
Kastanienbraun (Châtain)

Kastanienbraun dunkel (Châtain foncé)
Dunkelbraun (Brun)
Schwarzbraun (Brun foncé)
Braunschwarz (Noir Espagnol)
Tiefschwarz (Noir Jais)
(Blauschwarz)

Dazu kommen bei Blond noch: Goldblond, Rotblond (Tizianblond) und die rötlichen Töne, die ins Braune spielen (Acajoutöne).

Es ist natürlich auch nicht annähernd möglich, die unzähligen Schattierungen der natürlichen Farbe aufzuzählen, ebenso wie es färbetechnisch fast unmöglich ist, gewisse subtile Untertönungen künstlich zu erzeugen.

Als prinzipiell wichtig muß, das Gesamtbild der natürlichen Haarfarbe betreffend, hier hervorgehoben werden, daß sich die Hauptfarbe des lebenden Haares aus zahlreichen harmonischen Untertönungen dieser Nuance zusammensetzt, also niemals eine eintönige Farbe darstellt. So bilden diese Untertöne und Reflexe (rötlichbraune oder Acajoureflexe bei braunem und blondem Haar, bläuliche Reflexe bei schwarzem Haar usw.), besonders im auffallenden Lichte, ein mehr oder minder lebhaftes Spiel von Schattierungen, die der Farbe des Haares Leben verleihen.

Dieser Eindruck des „Lebens" der natürlichen Haarfarbe wird ganz besonders durch den Glanz des gut gepflegten (nicht fettig-stumpfen) Haares unterstützt und kommt so ein reizvolles Farbenspiel zustande, das sich der Harmonie des Hauptfarbentones anpaßt, und demselben jene Monotonie der Farbwirkung nimmt, die nur allzuoft beim künstlichen Haarfärben zu beobachten ist und, ganz allgemein gesprochen, leider unvermeidlich ist, soweit nicht persönliche Erfahrung, künstlerischer Sinn und Routine des Applikateurs hier helfend eingreifen, was praktisch auch in gewissem Sinne durchaus möglich ist.

Es muß also eine gut ausgeführte künstliche Färbung des Haares darauf abzielen, wenigstens eine allzugroße Monotonie, d. h. Gleichmäßigkeit der Färbung zu vermeiden, die unnatürlich wirken muß und auch gegen die Gesetze der Ästhetik verstößt, mit denen wir uns weiter unten beschäftigen werden. Auch die Erhaltung des natürlichen Glanzes des Haares bei der künstlichen Färbung ist ein Faktor, der eine große Rolle spielt; leider geht bei den meisten Färbemethoden, insbesondere bei der Verwendung niederschlagbildender Metallsalzfarben, der Glanz des Haares verloren, dasselbe wird stumpf und damit die Natürlichkeit der Farbwirkung stark beeinträchtigt. Der verlorene Glanz läßt sich auch durch Einfetten mit Brillantine nur recht unvollkommen ersetzen, ganz abgesehen von den wenig erfreulichen Begleitumständen einer solchen Prozedur.

Es liegt auf der Hand, daß die künstliche Färbung des Haares a priori gewisse Mängel in sich tragen muß, aber wir betonen, daß persönliches Geschick und genaue Kenntnis der Färbewirkungen der einzelnen Ingredienzen in der Hand des kundigen Spezialisten Resultate zu erzielen gestatten, die an Natürlichkeit der Effekte sehr nahe an jene der natürlichen Haarfarbe herankommen, mehr dürfen wir uns praktisch von einer künstlichen Haarfärbung im allgemeinen nicht versprechen.

Wie wir bereits eingangs erwähnt haben, ist es die Keratinhülle des Haares, die auch die Trägerin des natürlichen Farbstoffes ist, die in entfärbtem Zustande die künstlich zugeführten Farbstoffe aufnimmt und durch Lackbildung festhält.

Kurz rekapituliert sei hier, daß nur eine genügend kräftig entwickelte Keratinhülle genügend reaktionsfähig ist, um einen haftenden Lack zu bilden, vorausgesetzt, daß sie durch Erweichen gut aufnahmefähig gemacht werden kann und daß der Lackbildung hinderliche Fettstoffe dem Haare durch entsprechende Vorbehandlung entzogen wurden. Der Mechanismus der Lackbildung ist nun, je nach Art des Färbemittels, prinzipiell verschieden, d. h. manche Haarfarben färben direkt, andere indirekt in zwei Phasen, wie z. B. die Metallsalz-Niederschläge.

Direkte Lackbildung

Die vegetabilischen Haarfarben, mit oder ohne Beize (Alkali u. dgl.) verwendet, insbesonders Henna, Rhabarber, Nußschalen in frischem Zustande u. a. färben direkt. Ebenso auch die Anilinfarben (sogenannte Oxydationsfarben) bei Gegenwart von Wasserstoffsuperoxyd.

Diese direkten Haarfarben, ganz besonders aber die Henna, haben den nicht zu unterschätzenden Vorteil, den Glanz des Haares nicht zu beeinträchtigen, Henna erhöht sogar noch den natürlichen Glanz auch in Verbindung mit Indigoblättern (Reng).

Indirekte Lackbildung

Diese ist charakteristisch für die Metallsalz-Niederschläge und verläuft in zwei Phasen.

I. Phase. Diese wird dargestellt durch die chemische Reaktion der Komponenten der Haarfarbe unter Niederschlagbildung (in der Mehrzahl der Fälle) oder einer mehr oder minder intensiven Färbung ohne Niederschlag.

II. Phase. Bildung eines fixen Lackes zwischen dem Reaktionsprodukt von Phase I und der Keratinhülle des Haares durch entsprechend langen Kontakt und Oxydationsvorgänge.

Die I. Phase stellt eine spontane Reaktion dar, deren Intensität für die Farbtönung des Keratinlackes ausschlaggebend sein kann, aber nicht ausschlaggebend sein muß. So gibt es Fälle, in denen, trotz Bildung eines reichlichen dunkelgefärbten Niederschlages, nur ein ganz schwach gefärbter Lack auf dem Haare fixiert wird, wie dies z. B. bei Wismuthaarfarben regelmäßig zu beobachten ist. Die I. Phase ist also nur ein primärer Effekt, der als chromoger Vorgang unbedingt nötig ist, um die sekundäre Keratinlackbildung hervorzurufen, aber nur die Intensität der Färbung des sekundären Lackes ist allein ausschlaggebend für das Resultat der Färbung, denn nur diese Fixierung des farbbildenden Niederschlages in Form eines haltbaren, auch nach dem Auswaschen beständigen Keratinlackes, ermöglicht es, genügend dauerhafte künstliche Haarfärbungen zu erzielen.

Die spontane Reaktion der I. Phase läßt sich in vielen Fällen durch Zusatz eines Reduktionsmittels, z. B. Natriumsulfit, unter Luftabschluß verhindern und bei Luftzutritt soweit verzögern, daß hier die chromogene Reaktion nur ganz allmählich stattfindet. So können Haarfärbemittel auf Basis von Metallsalzen (auch von Anilinderivaten) hergestellt werden, die in einer Lösung die bei Luftzutritt Niederschlag bzw. Färbung bildenden Komponenten enthalten.

In gut verschlossenen Flaschen sind solche Kombinationen haltbar und bilden keinen Niederschlag bzw. Färbung. Trägt man diese Mischung auf das Haar auf, so erfolgt dort Bildung der chromogenen Basis erst ganz allmählich und im innigen Kontakt mit der Keratinschicht, ein Umstand, der sicherlich die Innigkeit der Lackbildung fördern dürfte. Hierbei darf wohl theoretisch eine progressive Lackbildung, die gleichzeitig mit Bildung des Chromogens fortschreitet, angenommen werden.

Die Bildung fixer Keratinlacke wird in allen Fällen durch Oxydationsvorgänge bewirkt und dürfen wir theoretisch annehmen, daß z. B. die in der I. Phase gebildeten Metallverbindungen sich nur in der höchsten Oxydationsstufe des betreffenden Metalles (Oxyde bzw. Dioxyde) fest mit dem Keratin vereinigen, während die niedrigere Oxydationsstufe (Oxydule) nur wenig haftende Lacke bildet, bzw. nur lockere Verbindungen mit dem Keratin eingeht, die mit Wasser heruntergewaschen werden können.

Auf dieser Theorie beruhen die hauptsächlichsten Methoden der Reduktion der gefärbten Haare zum Entfernen der Haarfarbe, wie solche beim sogenannten „Abziehen" des Haares in Frage kommen, soweit für diese Abzugsmethoden nicht die Bildung wasserlöslicher Salze mit dem Reduktionsmittel bzw. dem Abzugsmittel in Frage kommt, wobei zu bemerken ist, daß es beim Abziehen der künstlich gefärbten Haare der färbereitechnische Begriff „Reduktion" sich keineswegs immer mit dem chemisch-exakten Begriff reduzierender Vorgänge deckt und hier viele Mittel in Frage kommen, die, chemisch gesprochen, gar keine Reduktionsmittel sind (Chlornatrium, Mineralsäuren usw.).

Trotzdem kommen auch eigentliche chemische Reduktionsmittel hier in Betracht und ergeben wohl mit die besten Resultate, in anderen Fällen bezeichnet der Haarfärber z. B. aber auch einfache Lösungsmittel als Reduktionsmittel, weil er hier praktisch unter „Reduktion" lediglich „Entfernung" alter künstlicher Haarfarben versteht. Der so auf dem Haar fixierte Farblack enthält praktisch besonders bei Metallsalzniederschlags-Chromogenen, immer mehr oder minder reichliche Mengen nicht fixierten Niederschlages, der durch Auswaschen entfernt werden muß.

Die Färbung läßt sich also erst nach dem Auswaschen und Trocknen des Haares beurteilen. Eine gelungene Färbung muß wasch- und reibfest sein, darf also beim Frottieren des gewaschenen und getrockneten Haares nicht abfärben.

Die so erzielte künstliche Färbung wird am Lichte und bei Luftzutritt generell nachdunkeln, ein Umstand, dem der erfahrene Färber durch Wahl einer entsprechend helleren Nuance Rechnung tragen wird. Bei längerer Lichteinwirkung tritt allmählich Verblassen der Nuance ein, jedoch gibt es Farbstoffe, die mehr, andere, die weniger widerstandsfähig sind. Auf unbegrenzte Dauer haltbare künstliche Haarfärbungen gibt es nicht, ganz abgesehen von den natürlich ungefärbt nachwachsenden Haaren, die zeitweise Wurzelretuschen nötig machen.

Im allgemeinen kann man von einer guten Haarfarbe eine Haltbarkeit von zwei bis drei Monaten verlangen, jedoch läßt sich eine absolute Norm in dieser Hinsicht nicht aufstellen. In normalen Fällen soll das künstlich gefärbte Haar gleichmäßig an Licht und Luft nachdunkeln. Stellenweises Nachdunkeln oder Hellerwerden, ebenso Auftreten häßlicher

Reflexe sind defektuöse Erscheinungen, die korrigiert werden müssen, leider aber in vielen Fällen unvermeidlich sind.

Besonders empfindlich gegen Lichtwirkung sind bekanntlich die Silberhaarfarben, die nicht nur gleichmäßig nachdunkeln, sondern häufig ganz besonders häßliche fuchsige und grüne Reflexe annehmen, verursacht durch die Reduktion des Silbernitrats zu metallischem Silber. Dieses Verändern der Silberhaarfarben am Licht und der Luft ist besonders katastrophal bei hellen Nuancen (Blond usw.), weshalb von der Verwendung der Silberhaarfarben für helle Töne nur abzuraten ist.

Wie bereits erwähnt, geben die Metallsalzniederschlagsfarben Veranlassung zum Stumpfwerden des gefärbten Haares, bei Metallsalzen, die mit dem Entwickler nur unter Bildung gefärbter Verbindungen reagieren, tritt ein Stumpfwerden des Haares nicht ein. Praktisch sind die Henna-Rastiks, die Kombinationen von Hennapulver mit Metallen, respektive Metallsalzen usw. darstellen, den Metallsalz-Haarfarben gleichzustellen, d. h. auch diese können ein Stumpfwerden des Haares in gewissem Sinne bewirken. Das hängt aber sehr von der Menge der Metallsalze ab und davon, ob in dem Brei wirklich Niederschlagsbildung erfolgt, bzw. ob diese Niederschläge in gleicher Weise in die Hornhülle eindringen oder sich die Lackbildung im Brei in analoger Weise wie jene in Form der Lösung vollzieht, was zu bezweifeln ist.

Jedenfalls ist praktisch feststehend, daß diese Henna-Rastiks im allgemeinen die Haare nicht annähernd so stumpf machen wie in Form von Lösungen applizierte Metallsalze, was sicher auf Mitwirkung der Henna zurückzuführen ist.

Es darf hier vielleicht eine Zwischenphase angenommen werden, die darin zum Ausdrucke kommt, daß sich die Henna vor der Keratinlackbildung mit Metallsalzniederschlag zu einer Art Henna-Metallsalzchromogen vereinigt. Andererseits kommen gerade in diesen Henna-Rastiks Metallsalze mit solchen Entwicklern bei Frage, die nur wenig ausgesprochene Niederschläge, sondern mehr tintenartige Färbungen ohne Niederschlag (z. B. Pyrogallate, Tannate) hervorrufen. Wir sind natürlich auch hier nurauf Hypothesen angewiesen, da wir nicht wissen, inwieweit die Henna tatsächlich auf die erste Phase der Färbung Einfluß nehmen kann. Fest steht nur, daß speziell der Henna ein ganz besonders fixierender Einfluß auf die Haarfärbung zukommt, und in diesen komplexen Gemischen die komplexe Wirkung der Henna in recht deutlicher Weise zum Ausdrucke kommt, d. h. in vielen Fällen durch Intervention der Henna sonst nicht zu fixierende Metallsalzniederschläge relativ gut auf der Keratinhülle fixiert werden.

Zweiter Teil

Die Herstellung der Haarfärbemittel

Entsprechend der Tendenz unseres Buches wird in dieser Abteilung der Herstellung der Haarfärbemittel und der eingehenden Kenntnis der geeigneten Ingredienzien eine ganz besondere Sorgfalt gewidmet werden, da wir von dem Standpunkte ausgehen, daß der geübte Haarfärber lernen muß, sich seine Haarfarben selbst herzustellen, um so in jeder Beziehung sicher und zielbewußt arbeiten zu können.

Es liegt auf der Hand, daß, bei aller Anerkenntnis des großen Einflusses persönlicher Geschicklichkeit und der nötigen praktischen Erfahrung des Applikateurs, das Arbeiten mit Haarfarben unbekannter Zusammensetzung fast stets zahlreiche Unannehmlichkeiten mit sich bringt, denen zu begegnen auch die größte Geschicklichkeit des Haarfärbefachmannes nicht imstande ist. Ganz abgesehen von der immer bestehenden Gefahr der Verwendung von toxisch wirkenden Substanzen oder jener ungeeigneter Mischungen, was in vieler Beziehung auf dasselbe herauskommt, bringen sehr oft die einzelnen Komponenten einer Haarfarbe gewisse spezielle Methoden bei der Anwendung mit sich, die naturgemäß eine genaue Kenntnis der Zusammensetzung der Haarfarbe voraussetzen. Anderseits, und dies nicht in minderem Maße, kann nur die immer weiter fortschreitende Kenntnis in der geeigneten Zusammensetzung der Haarfärbemittel und die nötigen Erfahrungen in ihrer Herstellung auch seitens des Applikateurs hier genügend großen Nutzen bringen, um jede Ziellosigkeit beim Arbeiten auszuschließen und viele Mißerfolge von vornherein zu vermeiden, die beim Gebrauch unbekannter Mischungen an der Tagesordnung sind. Nun setzt aber schon die stets in Betracht kommende Notwendigkeit der Vornahme von Korrekturen auch möglichst restlose Kenntnis der Zusammensetzung einer Haarfarbe voraus, die das oft zeitraubende und direkt schädliche Herumprobieren ausschließt. Dies trifft ganz besonders auch beim Entfernen (Abziehen) alter Färbungen zu und kann diese lästige, dem Haar durch Unkenntnis der chemischen Zusammensetzung der Haarfarbe meist schweren Schaden zufügende Prozedur nur dann in zielbewußte Wege geleitet werden, wenn der Praktiker gelernt haben wird, seine Haarfarben zum eigenen Gebrauche selbst herzustellen und wenn in dieser Beziehung unter den Fachleuten der Haarfärbekunst auch ein reger Austausch der erworbenen Kenntnisse stattfindet.

Die zur Herstellung der Haarfarben nötigen chemischen Kenntnisse kann sich auch der intelligente Friseur leicht in populären Kursen erwerben und durch Studium der Vorschriften dieses Buches und vor allem praktische Versuche in seinem Fache leicht soweit vertiefen, daß er als sein eigener Fabrikant nur mit solchen Haarfärbemitteln arbeitet, deren Zusammensetzung ihm genau bekannt ist und er bei Mißerfolgen auch gleich die Ursache einwandfrei feststellen und das Übel bei der Wurzel zu packen in der Lage ist. Die Zeiten sind vielleicht nicht allzufern, in denen man von dem als Haarfärbespezialisten etablierten Friseur gewisse elementare chemische Kenntnisse verlangen wird und vielleicht behördliche Vorschriften in dieser Beziehung die Ausübung dieses Gewerbes dahingehend regeln werden, daß ein Nachweis solcher Kenntnis gefordert wird, um die Erlaubnis zur Ausübung der Haarfärberei erwirken zu können. Eine solche Maßregel läge sicher nicht nur im Interesse der Allgemeinheit, also des Kunden, der sich färben läßt, sondern vor allem auch in jenem des seriösen Haarfärbefachmanns, weil hiedurch dem überhandnehmenden Pfuschertum auf diesem Gebiete ein Ziel gesetzt würde. Nun gehören aber auch zur Herstellung einer wirklich guten Haarfarbe, neben gewissen chemischen Kenntnissen, vor allem große praktische Erfahrung auf dem Gebiete der Haarfärberei, über die der Durchschnittsfabrikant gar nicht verfügen kann, es sei denn, daß er sich der ständigen Mitarbeit eines Applikationsfachmannes versichert hätte. Solche Kenntnisse sind also in ganz besonderem Maße wichtig, können aber durch chemisches Studium so ungemein vertieft werden, daß man sich eigentlich wundern muß, daß der Fortschritt unserer Zeit an dieser Tatsache so ziemlich achtlos vorbeigegangen ist. Es ist praktisch sicher für den intelligenten Friseur mit entsprechender Praxis im Haarfärben leichter, sich die nötigen Kenntnisse zur Herstellung guter Haarfarben zu eigen zu machen, als umgekehrt dem Chemiker, sich allen Erfordernissen der Haarfärbekunst beim Herstellen geeigneter Haarfärbemittel anzupassen. Aber, entgegen einer oft geäußerten Ansicht, auch der Chemiker kann sich, bei gutem Willen und in praktischer Zusammenarbeit mit einem Haarfärbefachmann, recht ausführliche Kenntnisse in der Applikation der Haarfarben aneignen und sollte nicht verfehlen, es zu tun, denn hier findet der Wissenschaftler ein Gebiet, auf dem noch viele Probleme ihrer Lösung harren. Gerade in der praktischen Beobachtung gewisser Mängel der Verwendung der gebräuchlichen Haarfarben liegt der Anreiz zu Verbesserungen, die oft durch chemische Erwägungen selbst elementarster Art leicht behoben werden können, dies jedoch nur, soweit die Zusammensetzung einer Haarfarbe restlos bekannt ist, also besser als dies etwa durch eine chemische Analyse zu bewerkstelligen wäre.

Im III. Teile unseres Buches werden die praktischen Methoden der Haarfärberei so eingehend besprochen, daß auch der Chemiker seine diesbezüglichen Kenntnisse soweit vertiefen kann, daß er aus diesem Studium den Anreiz gewinnt, sich auf diesem auch rein chemisch ungemein interessanten Gebiete praktisch zu betätigen. Es kann also ein inniges Zusammenarbeiten von Haarfärbefachmann und Chemiker hier ungemein segensvoll sein, vorausgesetzt, daß beide ihre Erfahrungen in praktischem Zusammenarbeiten vereinigen und ihre gemeinsamen Beobachtungen färbetechnischer und chemischer Art zum Ausbau ihrer eigenen Färbemethoden verwenden.

Hierbei ist an das ständige Zusammenarbeiten beider in einem praktischen Haarfärbebetriebe gedacht, nicht etwa daran, daß ein Fabrikant von Haarfärbemitteln einfach einen Friseur zu Rate zieht und nach dessen Rat dann Haarfärbemitteln herstellt, die für eine große Anzahl von Applikationswerkstätten bestimmt sein sollen. Obwohl nicht zu leugnen ist, daß auch letztere Methode nutzbringend sein kann, so kann sie, was zielbewußtes, individuelles Arbeiten anlangt, nicht annähernd die innige Zusammenarbeit des Applikationsfachmanns und Chemikers in einem bestimmten Haarfärbeinstitut ersetzen, weil in der Haarfärberei eben alles auf individuelle Fälle eingestellt werden muß und es universell gut verwendbare Haarfärbemittel nicht gibt.

Es kann dem weitblickenden Applikationsfachmann also nicht angelegentlich genug empfohlen werden, sich möglichst selbst die nötigen chemischen Kenntnisse zu erwerben, um selbst gute Haarfärbemittel herzustellen, oder aber in seinem Betriebe mit einem Chemiker zusammenzuarbeiten, der wiederum den nötigen Einblick in die Methoden der praktischen Haarfärbung genommen hat und seine Kenntnisse in dieser Beziehung soweit zu vertiefen gewußt hat, daß er, in ständigem Kontakt mit dem Applikateur, für dessen Zwecke von Fall zu Fall geeignete Haarfarben herstellen, und, was besonders wichtig ist, Anleitungen präziser Art zur Behebung von Mißerfolgen geben kann.

Es soll gewiß nicht geleugnet werden, daß sich im Handel eine große Anzahl gut verwendbarer Haarfarben befindet, andererseits ist die Anzahl bedenklicher und ungeeigneter Haarfärbemittel so groß, daß sicher einige Vorsicht am Platze ist.

Nun kann aber auch die bestempfohlene Haarfarbe zu oft ganz unerklärlichen Mißerfolgen führen und ist auch erfahrungsgemäß der Gegenstand fast endloser Diskussionen und Rückfragen zwischen Hersteller und Applikateur. Dies hat seinen Grund vor allem darin, daß der Fabrikant individuellen Anforderungen nur in sehr bescheidenem Maße Rechnung tragen kann, hierzu in den so häufigen Spezialfällen aber überhaupt nicht in der Lage ist. Über diese Mißhelligkeiten kann also nur eine Fabrikation der Haarfarbe in eigener Regie des Applikateurs bzw. in ständiger Zusammenarbeit mit einem Chemiker hinweghelfen, weil nur so gewisse Unzuträglichkeiten, soweit sie in der Zusammensetzung der Haarfarbe liegen, durch entsprechende Maßnahmen vermieden werden können, die eben einen ständigen, ununterbrochenen Kontakt des Herstellers und des Applikateurs nötig machen, der durch oberflächliche Beratung durch den Fabrikanten keinesfalls ersetzt werden kann.

Kurz, alle diese Momente und noch viele andere, deren Erwähnung uns hier zu weit führen würde, werfen ein Streiflicht auf die große Wichtigkeit der Herstellung guter Haarfärbemittel in eigener Regie des Applikateurs, sei es, daß dieser die nötigen chemischen und fabrikationstechnischen Kenntnisse zur Bereitung dieser Mittel selbst erwirbt, was durchaus im Bereiche der Möglichkeit liegt, oder daß sich der Applikationsfachmann die Mitarbeit eines Chemikers sichert, der sich wiederum entsprechend vertiefte Kenntnisse in der Applikationstechnik zu erwerben gewußt hat. Letzter Punkt ist besonders wichtig; hier nützt rein wissenschaftliches Denken oft gar nichts, aber scharfe Beobachtungsgabe und Eindringen in die Erfordernisse dieses Spezialfaches unendlich viel, wenn sich diese auf wissenschaftlicher Basis bewegen, ohne das praktische Moment zu vergessen, das aus reinen Erfahrungswerten besteht.

Unsere Arbeit will einerseits das Interesse des Applikationsfachmannes für die Herstellung guter Haarfarben erwecken, anderseits auch den Chemiker anregen, sich in das interessante Gebiet der Herstellung und Anwendung der Haarfarben so zu vertiefen, daß er, in inniger Zusammenarbeit mit dem Applikationsfachmann der Allgemeinheit jene Dienste leisten kann, die die hohe Entwicklungsstufe der Kosmetik unserer Tage auch in der Haarfärbekunst als einem ihrer wichtigsten Zweige gebieterisch fordert.

Nur jenen gehört auf diesem Gebiete die Zukunft, die sich alle jene Kenntnisse zu eigen machen, die berufen sein können, eine sachliche Methodik zu fördern, die gewisse tragikomische

Vorfälle mit Sicherheit zu vermeiden gestattet und sich so ein lukratives Betätigungsfeld und den Dank der Allgemeinheit zu erwerben wußten.

Nach diesen einleitenden Bemerkungen kommen wir nunmehr zur Besprechung der verschiedenen Arten von Haarfärbemitteln. Für die praktische Haarfärberei kommen nur jene Haarfärbemittel in Betracht, die mehr oder minder spontan wirken, während die progressiven Haarfärbemittel für den Applikationsfachmann ohne praktisches Interesse sind.

Wir werden die progressiven Haarfarben am Schlusse dieses Abschnittes also nur ganz kurz und rein dokumentarisch erwähnen. Die Tuschen, die nicht haftende Farben liefern, sind praktisch hier selbstverständlich ohne jedes Interesse und kommen nur als Requisit der Bühnenkünstler in Frage. Die Tinten, die manchmal beim Färben ruinierter Haare angewendet werden, sollen im Laufe der Besprechung der Applikationsmethoden, allerdings nur ganz kurz, Miterwähnung finden.

Wir teilen die Haarfärbemittel mit augenblicklicher Wirkung wie folgt ein:

1. Rein vegetabilische Haarfärbemittel.
2. Chemische Haarfärbemittel.

Rein vegetabilische Haarfärbemittel

Die weitaus wichtigste Haarfarbe dieser Art ist die Henna, die oft auch mit Indigoblättern (Reng) gemischt zur Anwendung kommt.

Henna

Unter diesem Namen findet man im Handel die getrockneten und fein gepulverten Blätter des in Afrika und Asien heimischen Strauches Lawsonia Inermis, auch „falsche Alkanna" genannt. Dieser Strauch enthält in den Blättern und Wurzeln einen roten Farbstoff, der mit dem Alkannin der echten Alkanna (Alcanna Tinctoria) verwandt sein dürfte.

Nach Tommasi (Gaz. chim. Ital. 1920, Vol. 50, p. 263) ist das Hennarot ein Naphtochinonderivat, und zwar:

2-Oxy-1:4 Naphtochinon

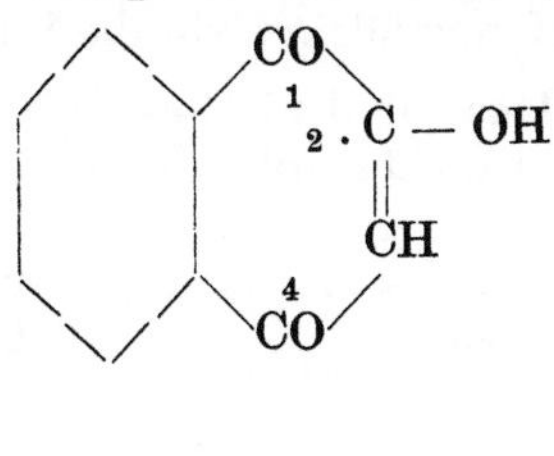

Die Henna ist auch tanninhaltig und enthält das Tannin in Form einer glukosidartigen Verbindung ganz besonderen Charakters, die als Henna-Tannin bezeichnet wird.

Frische Henna ist von ziemlich lebhaft grüner Farbe, der mit Wasser angemachte Brei ist spinatgrün. Je lebhafter die grüne Farbe der Henna ist, desto lebhafter ist die Rotfärbung der Haare. Blaßgrüne oder rötliche Sorten sind minderwertige alte oder havarierte Sorten, die mäßige Resultate ergeben.

Henna wirkt, abgesehen von der färbenden Eigenschaft dieser Droge, adstringierend und kräftigend auf die Haare und erzeugt Weichheit und Glanz, eine wertvolle Eigenschaft, die besonders die Orientalen seit langen Zeiten richtig erkannt und eingeschätzt haben.

Der Gehalt der Henna an Gerbstoff (Henna-Tannin) beträgt etwa 5%, der Farbstoffgehalt (Henna-Rot) etwa 3%.

Über den Reaktionsmechanismus der Hennafärbung wissen wir nur wenig und sind hier lediglich auf gewisse Hypothesen angewiesen. Praktisch wird die Henna entweder allein oder mit Indigoblätterpulver (Reng) in Breiform appliziert (Kataplasmafärbung) und färbt die Haare, bei längerem Kontakt kräftig und dauerhaft an.

Zum Anmachen des Breis benützt man heißes Wasser, im Orient wird hierzu meist Tierharn verwendet. Manche Autoren empfehlen Zusätze von saurer Milch oder Citronensaft, in manchen Fällen kommt auch Zusatz von Rotwein in Frage, um die Tanninwirkung zu verstärken und gewisse Bronzetöne zu erzielen.

Von ganz außerordentlicher Wichtigkeit für das Gelingen der Hennafärbung ist die Wärme und zwar eine feuchte Wärme, die die Färbung entwickelt und fixiert. So wird im Orient die Hennafärbung in der feuchtwarmen Atmosphäre der Bäder vorgenommen, bei uns trägt man den Brei heiß auf und umhüllt den Kopf dann mit Tüchern. Diese Art der Wärmeerhaltung ist aber praktisch recht unzureichend und werden in letzter Zeit immer mehr Wärmeapparate besonderer Konstruktion verwendet, die es gestatten, die Wärme und den nötigen Feuchtigkeitsgrad derselben während der ganzen Dauer des Kontaktes gleichmäßig aufrechtzuerhalten. Henna allein färbt die Haare folgendermaßen:

weiße, hellgoldblonde Haare und mit Wasserstoffsuperoxyd entfärbte (blondierte) Haare	karottenrot
aschblonde Haare	mittelrot
hell-kastanienbraune Haare	hell mahagonirot

kastanienbraune Haare .... mahagonirot
dunkelkastanienbraune Haare .... dunkel mahagonirot
dunkelbraune Haare .... rote Reflexe
schwarze Haare .... keine Wirkung.

Ganz schwache Hennapackungen resp. Hennainfusionen geben auf blonden Haaren reizvolle rötlichschimmernde Effekte. Auf dieser Wirkung beruht die Anwendung des Henna-Shampoons und der Henna-Infusionen.

Diese roten Tönungen der Henna, die als solche, abgesehen von der Auflage auf dunkles Haar zur Erzielung der Mahagoni-(Acajou-) Reflexe, dem europäischen Geschmack nicht entsprechen, werden bei uns nur als Unterlage für andere Töne verwendet, die durch entsprechende Zusätze erzielt werden. Hiebei ist aber die Mitwirkung des Hennarots von ganz besonderer Bedeutung, wie auch jene des Henna-Tannins, die in den Farbgemischen, sei es, daß es sich wie hier um rein vegetabilische Mischungen handelt, sei es, daß Henna-Rastiks (Metallsalzkombinationen u. dgl. mit Naturhenna) zur Verwendung gelangen, eine ausschlaggebende Rolle bei der Tönung der Haare und vor allem bei der Dauerhaftigkeit der Nuance spielen. Sicher kommen hier gewisse Gärungsvorgänge, wie bei den Rastiks in Frage, die die charakteristische komplexe Wirkung der Hennapackungen, auch in Form solcher Gemische zu bedingen scheinen.

Hennagemische zur Erzielung natürlicher Haartönungen.

In vielen Fällen wird hier der sogenannte Reng herangezogen.

Unter diesem Namen versteht man die gepulverten Blätter des Indigostrauches, und zwar besonders des persischen Indigos, Indigofera Argentea, die besonders reich an färbendem Prinzip sind. Der blaue Farbstoff des Indigos, Indigotin,

Indigotin

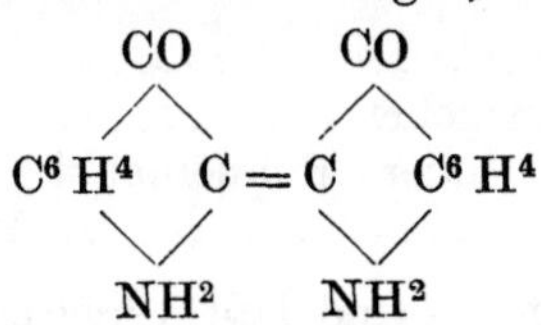

ist in den Blättern des persischen Indigos in wechselnden Mengen enthalten (20 bis 90%).

Die blaue Farbe des Indigos neutralisiert die rote Farbe der Naturhenna und gestattet, je nach der Dosierung und der Dauer des Kontaktes, natürliche blonde bis tiefschwarze Färbungen zu erhalten.

Die diesbezüglichen Angaben der Literatur sind schwankend. So soll ein Gemisch von:

Reng und Henna zu gleichen Teilen, bei einer Applikationsdauer von $\frac{1}{2}$ Stunde Blond (Rotblond, Tizianblond) ergeben, das gleiche Gemisch bei längerer Dauer kastanienbraune bis braune Töne (1 bis 2 Stunden). Ein Gemisch von 1 Teil Henna und 2 Teilen Reng gibt nach zirka $\frac{1}{2}$ bis $^3/_4$ Stunde Kastanienbraun, Henna 1 Teil und Reng 3 Teile Dunkelkastanienbraun und 1 Teil Henna und 4 Teile Reng Tiefschwarz nach etwa zweistündiger Applikationsdauer.

Nach anderen Autoren soll ein Gemisch von 1 Teil Henna und 3 Teilen Reng nach vier Stunden tiefes Schwarz ergeben.

Jedenfalls lassen sich weder absolut feststehende Verhältniszahlen für diese Mischungen angeben, noch eine genaue Applikationsdauer festsetzen.

Im allgemeinen rechnet man zirka 100 g dieser Gemische für einen Breiumschlag.

Diese Färbungen werden durch Zusatz von Wasserstoffsuperoxyd oder Persalzen (Natriumperborat u. dgl.) erheblich beschleunigt.

Man hat auch vorgeschlagen statt der Indigoblätter (Reng) den Indigo des Handels zu verwenden.

Dieser von Isatis Tinctoria stammende Farbschlamm, der durch Gärung der indigohaltigen Pflanzenteile aus dem farblosen Chromogon Isatin gewonnen wurde, kommt in Form eines blauen, leichten Pulvers als Indigo in den Handel. Zu bemerken ist, daß zu Haarfärbezwecken nur dieser echte Indigo, aber nicht der synthetisch hergestellte Farbstoff gleichen Namens Verwendung finden kann.

Zu Haarfärbezwecken stellt man aus dem käuflichen Indigo eine sogenannte Färbeküpe wie folgt her:

Indigo	1	Teil
Traubenzucker	1	,,
Erbsen- oder Bohnenmehl	1	,,
Wasser	120	Teile.

Man setzt etwas Hefe zu und läßt vergären.

Das vergorene Gemisch wird dann mit Henna zu einem dicken Brei verarbeitet und aufgetragen.

Im allgemeinen sind die Blondtönungen mit Henna-Renggemischen weniger gut erreichbar, weil die stetige Gefahr zu dunkler Färbungen gegeben ist. Die moderne Haarfärberei hat also zumeist andere Wege gefunden um reine Blondtönungen mit Hennagemischen zu erzielen. Diese Haarfärbemethoden beruhen auf folgenden Tatsachen:

Die Neutralisierung der roten Töne läßt sich sehr gut durch folgende Zusätze erreichen.

Kamillenblüten. Durch Zusatz von wechselnden Mengen gepulverter Kamillenblüten zu Henna kann man die verschiedensten Blondschattierungen erzielen. Die Zusätze schwanken zwischen 25 und 75% Kamillenblüten frischer Ernte.

Rhabarber. 3 Teile Rhabarberwurzelpulver auf 2 bis 2,5 Teile Hennapulver ergibt ein Gemisch, das goldblonde Töne zu erzielen gestattet.

Eisenpulver. Gleiche Teile Henna und Eisenpulver ergeben ein Gemisch, das mittlere Blondtöne gut wiedergibt. Hierbei ist die normale Applikationsweise im Kataplasma unter Einhüllen mit warmen Tüchern, ohne Wärmehaube vorausgesetzt.

Auch soll die Applikationsdauer für Blond $\frac{1}{2}$ Stunde nicht überschreiten. Läßt man länger liegen, so erhält man Dunkelblond, erwärmt man (feuchte Wärme), so erhält man nach zirka $^3/_4$ Stunden hellbraune Töne.

Letztere Mischung fällt eigentlich schon in das Gebiet der Henna-Rastiks, mußte aber hier Erwähnung finden, um die Variationsmöglichkeiten der Hennatönungen zu demonstrieren. An dieser Stelle sei auch der Variationsmöglichkeit der Hennatönungen durch viele andere Zusätze gedacht, die gerade dem Chemiker einen mächtigen Ansporn zu Forschungen auf diesem interessanten Gebiete liefern sollten. Jedenfalls ist nach dem heutigen Stand der Dinge die Ausnützung der wertvollen Henna durch entsprechende chemische Modifikationen der primären roten Effekte durchaus noch nicht so weit vorgeschritten, daß man sie als eine restlose bezeichnen könnte. Wir werden uns im Kapitel Henna-Rastiks noch hiermit zu beschäftigen haben, weisen aber erneut an dieser Stelle auf den großen Wert der Henna als komplexe Basis moderner Haarfarben hin.

Ganz ähnlich wie der Reng kann zu Hennafärbungen auch

Orseille (Persio oder Cud bear)

verwendet werden.

Dieser Pflanzenfarbstoff kommt in Form einer violettroten Pasta oder in Form eines dunkelviolettroten Pulvers als trockenes Extrakt in den Handel.

Dieser Farbstoff wird durch ammoniakalische Gärung (Zusatz von Ammoniak) aus der Flechte Rocella (Lecanora)

Tinctoria gewonnen, indem das Chromogen Orcin in den Farbstoff Orcein $C^{28} H^{24} N^{2} O^{7}$ übergeht.

Mit Henna zusammen verwendet gibt Persio prächtige dunkle auch tiefschwarze Töne, was im allgemeinen weniger bekannt ist.

Für tiefschwarze Färbungen wird ein Alaunzusatz als Beize empfohlen, außerdem soll es besonders vorteilhaft sein die Henna-Persiopasta mit saurer Milch oder Urin zu versetzen.

Alkalien (Ammoniak, kohlensaure Alkalien, Borax), Wasserstoffsuperoxyd u. a. verstärken die rote Tönung der Naturhenna, können aber bei Hennagemischen auch dunklere Färbungen akzentuieren, ohne besondere Betonung der roten Note. Man sollte jedoch mit Alkali- und Wasserstoffsuperoxydbehandlung (Vor- oder Nachbehandlung) vorsichtig sein, um unerwünschte fuchsige Töne zu vermeiden. Bei Eisen- und anderen Metallsalzkombinationen ist die Verwendung von Wasserstoffsuperoxyd ausgeschlossen, wegen der Gefahr des Verbrennens der Haare (vgl. hierüber unsere früheren und späteren Hinweise).

Pyrogallolzusatz bewirkt dunklere Töne, auch Tannin dunkelt die Hennafärbungen nach und mildert die roten Töne.

Von dieser Überlegung ausgehend, nimmt man auch häufig gerbstoffhaltige Pflanzen bzw. Pflanzenteile als Zusatz zur Henna, so z. B. Galläpfel, Sumach u. a. Auch Nußblätter dienen zum gleichen Zwecke, obwohl die färbende Eigenschaft der Nußblätter, wie auch der grünen Nußschalen eine sehr problematische ist, also hier nicht als färbender Zusatz in Frage kommen kann.

So wird für Châtain-Töne folgende Mischung empfohlen:

Henna..................	400 g
Galläpfel pulv.	400 g
Nußblätter pulv.	600 g

für Hellbraun gleiche Teile Henna und Galläpfelpulver

Der oft empfohlene Zusatz von Citronensaft zum Hennabrei soll die Glanzwirkung erhöhen und ist hierzu auch recht gut geeignet. Eine gut gelungene Hennafärbung ist immer daran zu erkennen, daß das Haar einen prächtigen Glanz zeigt, ist es aber von stumpfem Aussehen, so sind Applikationsfehler dafür verantwortlich zu machen.

Die Hennatönungen dunkeln, wie alle künstlichen Haarfarben, stets beträchtlich an Luft und Licht nach, ein Umstand, der berücksichtigt werden muß.

Grüne Nußschalen

Die frischen grünen Nußschalen enthalten einen braunen Farbstoff, das Juglon (Alpha-Oxy-Naphtochinon)

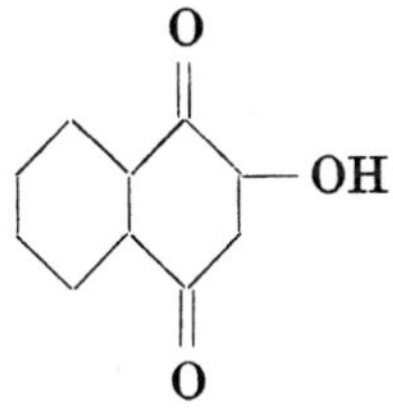

der die Haare braun färbt, sowie kleine Mengen Pyrogallol.

Indes nimmt die Färbekraft der grünen Nußschalen auch bei kürzerer Aufbewahrung rapid ab und verliert sich bald ganz. Es ist daher praktisch unmöglich, einen wirklich haltbareren Auszug aus den Nußschalen herzustellen, weshalb diese Droge keinen Wert für die Haarfärbung besitzt. Was unter dem Namen Nußschalenextrakt u. dgl. im Handel anzutreffen ist, sind Kunstprodukte, die meist unter Verwendung von Pyrogallol hergestellt sind.

Praktisch ist die grüne Schale der Nuß, also ohne jegliches Interesse, sie sei hier also nur rein dokumentarisch erwähnt.

Kamillenblüten

Die Blüten der deutschen (Matricaria chamomilla) und römischen (Anthemis nobilis) Kamille enthalten einen gelben Farbstoff, Apigenin, der ein Flavonderivat ist.

Apigenin
(Dioxy-Flavon)

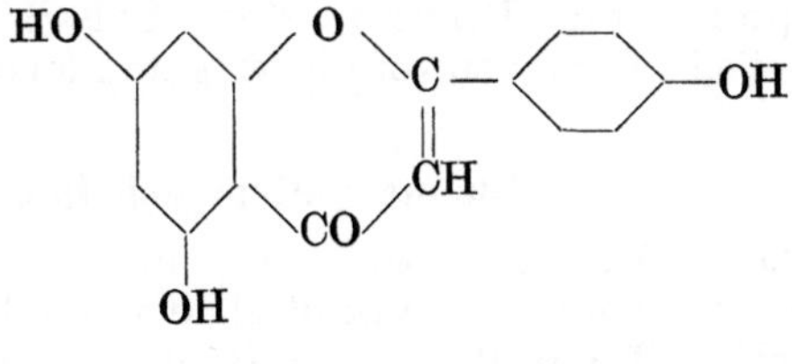

Allein in Form von Infusionen oder in Breiumschlag verwendet, geben die Kamillenblüten auf dem Haar strohgelbe Töne, die durch Hennazusatz bedeutend lebhafter gemacht werden können. Als Zusatz zu Hennagemischen dienen die Kamillen dazu die roten Töne zu neutralisieren.

Rhabarberwurzel

Das färbende Prinzip dieser Wurzel ist ein gelber Farbstoff, die Chrysophansäure, ein Alizarinderivat.

Chrysophansäure (Methylalizarin)

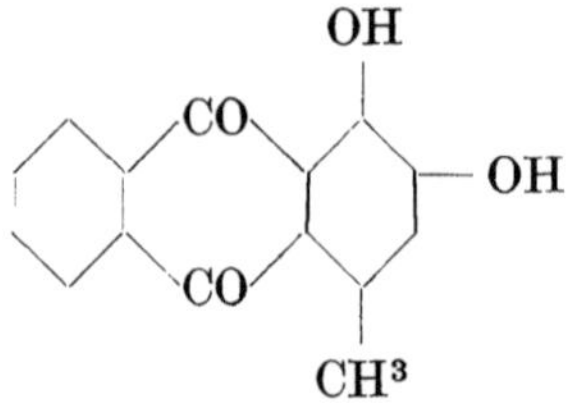

Rhabarberwurzel allein färbt die Haare strohgelb, mit alkalischen Beizen rötlichgelb.

Rhabarberwurzel gibt auch dunklere Töne mit Eisen- und anderen Metallsalzen (auch mit Eisenpulver, Kupferpulver usw.) zufolge ihres Tanningehaltes. Sie wird meist in Gemischen mit Henna angewendet um die roten Hennatöne zu neutralisieren und liefert so vorzügliche Haarfarben. Auch mit Kamillenblüten und chinesischem Tee zusammen wird Rhabarberwurzel verwendet, z. B. (nach Cerbelaud):

schwarzer Tee	1 g
Kamillenblüten	50 g
Rosenwasser	350 g
Rhabarbertinktur 1 : 4 ...	200 g.

Erwähnt sei an dieser Stelle auch der

Chinesische Tee (von Thea Chinensis)

der auch allein recht gute Blondfärbungen ergibt, ebenso die Knospen und Blätter der Schwarzpappel (Populus nigra), die in Form von Infusionen gute Blondfärbungen gestatten.

Blauholz (Campècheholz)

Dieses Farbholz bzw. der daraus gewonnene Extrakt, ist ein vorzügliches Hilfsmittel der modernen Haarfärberei. Der Farbstoff des Blauholzes Hämatin, ein Polyphenol, gibt mit Metallen resp. Metallsalzen wie Eisen-, Kupfersalzen usw. dunkelgefärbte Niederschläge bzw. Färbungen, die sich gut auf dem Haar fixieren lassen, besonders in Hennagemischen. Im Kapitel Henna-Rastiks wird seine Verwendung durch Beispiele gezeigt werden.

Katechu

Unter diesem Namen findet man den eingedickten Saft gewisser gerbstoffhaltiger Pflanzen im Handel. So z. B. den Akazienkatechu von Mimosa catechu aus Siam stammend, und die beste Sorte des Handels den sogenannten braunen Katechu darstellend.

Gelber oder Gambir-Katechu stammt aus Java, der Palmkatechu oder schwarze Katechu aus Ostindien.

Katechu gibt besonders mit Kupfer schöne braune Töne.

Sumach

Blätter des Strauches Rhus Coriaria. Die beste Sorte ist der sizilianische Sumach, es folgen dann die französische und spanische Sorte.

Enthält Gerbsäure (etwa 20%) und Gallussäure.

Gibt mit Eisen grauschwarze Töne.

Torf, Braunkohle Kasseler Braun (Humussubstanzen)

Diese relativ selten zum Haarfärben benutzten Materialien können in zahlreichen Fällen, insbesondere aber auch in Hennagemischen, recht gute Resultate zeitigen. Wirksam sind in denselben die Huminsäuren bzw. das huminsaure Eisen. Ihrer Verwendung im Breiumschlag mit Henna usw. sollte größere Aufmerksamkeit zugewendet werden als dies bisher geschehen ist. Die Huminsubstanzen ergeben so ungleich bessere Resultate als in Form wässeriger Auszüge, die bisher allein in der Literatur berücksichtigt wurden.

Eine Vorschrift für einen solchen Auszug lautet:

Sandfreier Torf	100 g
Ammoniak 25%	1000 g
Wasser	500 g.

Man läßt drei Tage ziehen, verdampft dann das Wasser und verjagt den Ammoniak, worauf man zum Sirup eindampft.

Der sirupöse Rückstand wird in:

Wasser	1000 g
und Alkohol	200 g

gelöst.

Galläpfel

wurden bereits kurz erwähnt, kommen auch später bei Bereitung der Rastiks in Frage, wobei allerdings das Tannin der Galläpfel durch Rösten in Pyrogallol übergeführt wird. Ganz allgemein gesprochen kommt diese Droge immer weniger und weniger zur Anwendung und wird fast stets durch Tannin ersetzt.

Chemische Haarfärbemittel

Bei diesen unterscheiden wir:

1. Haarfarben aus Metallsalzen, einfache und zusammengesetzte.
2. Haarfarben auf vegetabilischer Grundlage, durch Zusatz von Metallsalzen, Metallpulvern und gewissen Chemikalien modifiziert.
3. Haarfarben aus Anilinderivaten (sogenannte Oxydationsfarben).

Bei allen diesen Haarfärbemitteln chemischer Art spielen die Salze gewisser Metalle eine wesentliche Rolle. Ehe wir uns mit dem Wesen der einzelnen Metallsalzgruppen und der Verwendung bestimmter Metallsalze zur Herstellung von Haarfärbemitteln befassen, wollen wir dem

Chemismus der metallischen Haarfärbemittel

im allgemeineren Sinne unsere Aufmerksamkeit zuwenden.

Aus prinzipiellen Gründen werden hier die notorisch giftigen Bleisalze völlig übergangen, ebenso finden die berüchtigten Paradiphenylamin-Haarfarben nur dokumentarisch Erwähnung.

Die zum Haarfärben geeigneten Metallsalze geben mit gewissen chemischen Körpern, die wir in diesem Sinne Entwickler nennen wollen, mehr oder minder gefärbte Niederschläge bzw. mehr oder minder kräftige Färbungen, die durch längeren Kontakt mit der entsprechend vorbereiteten Keratinhülle des Haares (Entfetten, Erweichen) fixe Lacke zu bilden imstande sind.

Die Intensität der Färbung dieses Reaktionsproduktes der I. Phase der Haarfärbung hängt natürlich von der Konzentration der Metallsalzlösung und auch, in gewissem Sinne der der Lösung des Entwicklers ab, was hier als prinzipiell wichtig vorausgeschickt sei.

So geben manche Metallsalze, die in konzentrierterer Lösung schwarze Reaktionsprodukte (z. B. Sulfide) liefern in schwächeren Lösungen braunschwarze bis braune Färbungen, die unter Umständen in ganz verdünnten Lösungen auch hellblonde Nuancen liefern. Aber auch die Konzentration der Entwicklerlösung spielt hier eine Rolle. So können auch konzentrierte Metallsalzlösungen mit verdünnten Entwicklerlösungen nur schwächer reagieren und relativ heller gefärbte Reaktionsprodukte liefern. Es lassen sich also auch, bei der gleichen Konzentration der Metallsalzlösung, durch Verstärken der Konzentration der Lösung des Entwicklers dunklere Töne erzielen als wenn hier nur schwächere Entwicklerlösungen zur Anwendung kamen.

In den weitaus meisten Fällen ist das Reaktionsprodukt ein mehr oder minder dichter Niederschlag, in anderen stellt das Auftreten einer zum Haarfärben genügend intensiven Färbung das Reaktionsprodukt dar. Grundsätzlich ist diese Form des Reaktionsproduktes gleichgültig, vorausgesetzt, daß dieses zur Bildung eines fixen Lackes mit der Keratinhülle des Haares geeignet ist.

Nachstehend werden wir uns nun zunächst mit der Wirkung der gebräuchlichsten Entwickler beschäftigen.

Schwefel, Sulfide der Alkalien und Thiosulfat. Alle diese Reagentien bewirken eine mehr oder minder spontane Bildung eines Sulfidniederschlages, dessen Färbung je nach dem Metallsalz, verschieden ist. So geben in genügend konzentrierten Lösungen:

Schwarzes Sulfid, Kupfer, Silber, Eisen, Nickel, Kobalt und Zinn;

braunschwarzes Sulfid: Wismut;

gelbes Sulfid: Cadmium;

fleischfarbenes Sulfid (das sich an der Luft rasch bräunt): Mangan.

In verdünnten Säuren sind diese Metallsulfide nur in einzelnen Fällen löslich.

Unlöslich in verdünnten Säuren (Salzsäure, Salpetersäure) sind die Sulfide des Cobalts, Nickels, Silbers, Kupfers und Wismuts, löslich jene des Eisens und Mangans.

Diese Tatsache verdient größte Beachtung bei der Nachbehandlung mit verdünnter Säure, die in der Regel nach beendeter Haarfärbung nötig wird. Hierbei ist also gegebenenfalls speziell an die Säurelöslichkeit des Eisen- und Mangansulfids zu denken.

In den meisten Fällen benützt man die löslichen Sulfide der Alkalien (in wässeriger oder alkoholischer Lösung geeigneter Konzentration) und kommen hier Natriumsulfid und Kaliumsulfid, auch Schwefelleber genannt, zur Verwendung. Wir haben bereits auf die haarsubstanzzerstörende Wirkung der Alkalisulfide hingewiesen und mahnen hier erneut zur Vorsicht, um Schädigungen des Haares zu vermeiden. Man wähle die Konzentration der Sulfidlösungen nicht zu stark und bedenke, daß noch 5%ige Lösungen derselben die Haare stark angreifen können, wenn die nötige Vorsicht außer acht gelassen wird. Diese besteht vor allem darin, die Sulfidlösung stets nach Auftragen der Metallsalzlösung zu applizieren, keinesfalls darf die Sulfidlösung zuerst aufgetragen werden und etwa auf dem Haar eintrocknen. Unbegreiflicherweise findet man in der Literatur Vorschriften, die verlangen, das Sulfid zuerst aufzutragen und auf dem Haar eintrocknen zu lassen.

Die Alkalisulfide leisten sehr gute Dienste bei der Nachbehandlung zur Beseitigung gewisser unerwünschter Reflexe bei Silber-, Kobalt-, Nickelfärbungen usw. auch zur Kräftigung und allgemeinen Entwicklung der Nuancen. So ist der vielen Haarfärbemitteln (eventuell als drittes Flakon) beigegebene sogenannte Fixateur meist nichts anderes als eine Lösung von Alkalisulfid. Am meisten verwendet wird das Kaliumsulfid (Schwefelleber), das die Haare weniger stark angreift als das Natriumsulfid.

Schwefel in Substanz wird nur relativ selten verwendet, kann auch nur in Breiumschlägen nutzbringend angewendet werden (Henna-Rastiks usw). Hie und da wird das Schwefelpulver auch in Aufschlämmung bei progressiven Haarfarben mitverwendet, die uns aber hier nicht interessieren.

Natriumthiosulfat (Natriumhyposulfit oder unterschwefligsaures Natron). Dieses, von seiner häufigen Verwendung als „Fixiersalz" in der Photographie bekannte Salz kann auch als Entwickler bei Haarfärbemitteln verwendet werden, leistet aber auch (in saurer Lösung) beim Fleckentfernen und „Abziehen" alter Haarfarben gute Dienste.

Als Entwickler wird dieses Salz in neutraler Lösung verwendet. Die Bildung von Sulfiden mit Metallsalzen geht bei Natriumthiosulfat nur langsam vor sich, weil, durch den oxydierenden Einfluß der Luft erst Abspaltung reaktionsfähigen Schwefels stattfinden muß, ehe es zur Bildung von Sulfid kommen kann. So läßt sich die Sulfidbildung mit Natriumthiosulfat durch folgende Phasengleichungen theoretisch illustrieren:

I. Phase. Oxydation: $Na^2S^2O^3 + O = Na^2SO^4 + S$.

II. Phase. Sulfidbildung: $2\,Ag + S = Ag^2S$

oder z. B. bei Silbersalzen kann folgende Reaktion angenommen werden:

I. Phase. Bildung von Silberthiosulfat:

$Na^2S^2O^3 + 2\,AgNO^3 = Ag^2S^2O^3 + 2\,NaNO^3$

II. Phase. $Ag^2S^2O^3 + H^2O = Ag^2S + H^2SO^4$.

In saurer Lösung wirkt Natriumthiosulfat reduzierendunter Abspaltung von schwefliger Säure:

$Na^2S^2O^3 + 2\,HCl = 2\,NaCl + H^2O + S + SO^2$

Unter allen den gebräuchlichsten chemischen Entwicklern nimmt das **Pyrogallol oder Pyrogallussäure** einen besonders wichtigen Platz ein.

Pyrogallol reagiert mit allen Metallsalzen bzw. Metallen, mit Ausnahme des Silbers, unter Bildung gefärbter Derivate, die zur Lackbildung mit dem Keratin des Haares gut geeignet sind.

Zusatz reduzierender Mittel wie z. B. Natriumsulfit (schwefligsaures Natron) verhindert die spontane Bildung eines solchen gefärbten Reaktionsproduktes, d. h. verzögert sie soweit, daß diese Reaktion nur bei Luftzutritt allmählich eintritt.

Auf diesem Prinzip beruht die Herstellung der Haarfärbemittel, die Metallbasis und Entwickler in einer Flasche enthalten und mit denen wir uns weiter unten noch zu beschäftigen haben werden.

Auf Silbersalzlösungen wirkt Pyrogallol reduzierend unter Abscheidung metallischen Silbers.

Analog, nur viel langsamer, wirkt die Belichtung des mit Silberlösung imprägnierten Haares.

Diese Ausscheidung von Metall ist die unmittelbare Ursache jener häßlichen Reflexe bei Silberfarben, die durch Intervention von Schwefelalkali (Fixateur) korrigiert werden müssen.

Es darf aber praktisch vielleicht nicht mit Unrecht angenommen werden, daß Pyrogallol auch auf Silberlösungen nur teilweise reduzierend einwirkt, und vielleicht zum Teil auch gefärbte Silber-Pyrogallate liefert, analog seiner Einwirkung auf andere Metalle. Diese Annahme gewinnt an Wahrscheinlichkeit, wenn wir uns den Effekt der Silber-Pyrogallolfärbungen einmal genauer ansehen. Bei den dunklen Nuancen, besonders Schwarz, können wir immer rein schwarze Töne feststellen, neben sehr ausgeprägten metallischen Reflexen. Wenn wir nun, nach der allgemein feststehenden Annahme für ergrautes Haar, dem zu färbenden Haare einen gewissen natürlichen Schwefelgehalt zuerkennen wollen, so darf geschlossen werden, daß diese rein schwarzen Töne auf Bildung von Schwefelsilber zurückzuführen sind. Man könnte aber auch annehmen, daß die rein schwarzen Töne durch Silberpyrogallat hervorgerufen wurden.

Pyrogallol wird übrigens auch als substantive Haarfarbe verwendet und gibt schöne blonde Töne, besonders mit alkalischen Zusätzen.

Tannin (Gerbsäure). Dieser wichtige Bestandteil von Drogen, die zum Haarfärben verwendet werden, wird auch in isoliertem Zustand in der Haarfärberei häufig als Entwickler gebraucht.

Tannin reagiert mit Metallsalzen unter Bildung dunkelgefärbter Reaktionsprodukte, mit und ohne Niederschlag, die gute Lacke liefern.

Blauholz (Campêcheholz). Dieses Farbholz wird am vorteilhaftesten in Form seines Extraktes als Entwickler verwendet. Ganz besonders der trockene, pulverisierte Extrakt ist vorzüglich verwendbar.

Das Hämatin des Blauholzes reagiert mit vielen Metallsalzen, besonders Eisen und Kupfer, unter Bildung gefärbter Reaktionsprodukte, die zum Haarfärben gut geeignet sind, wenn der Blauholzextrakt entsprechend verwendet wird.

Eine ganz besondere Bedeutung kommt dem Blauholzextrakt bei den Breiumschlägen zu, besonders bei den Henna-Rastiks. In der Tat sind die Erfolge mit Blauholzextrakt bei flüssigen Haarfarben wenig befriedigend wegen der mangelhaften Haltbarkeit speziell der Eisen-Reaktionsprodukte. In Verbindung mit Henna und bei Anwendung der künstlichen Erwärmung (feuchte Wärme im Wärmeapparat von genügend langer Dauer) sind die erhaltenen Resultate besonders bei Schwarzfärbungen ganz vorzüglich, ein Umstand, auf den hier besonders aufmerksam gemacht sei.

In vielen Fällen kommt die Verwendung ammoniakalischer Lösungen der Metallsalze (Silber usw.) in Frage.

In diesem Falle lassen sich aber natürlich nur solche Metallsalze verwenden, die ein im Ammoniaküberschuß lösliches Hydroxyd niederschlagen, und auch nur solche können in ammoniakalischer Lösung bei Gegenwart einer genügenden Menge Ammoniak gemischt werden. Nachstehend folgt die Aufzählung der Metallsalze, die einen im Ammoniaküberschuß löslichen Niederschlag ergeben. Löslich im Überschuß die Hydroxyde von Cobalt, Nickel, Silber und Kupfer.

Bei Nickel und Cobalt verhindern Ammonsalze die Fällung überhaupt.

Unlöslich im Überschuß die Hydroxyde von: Eisen, Mangan und Blei.

Wir beschließen diese einleitenden Bemerkungen mit folgendem Hinweis auf die Möglichkeit der Variation der Effekte durch den Applikationsmodus:

Es ist in gewissem Sinne praktisch möglich, durch Variationen in der Art des Auftragens ein und derselben Haarfarbe-Komposition gewisse Unterschiede des Färbeeffektes zu erzielen.

Wenn z. B. eine beliebige Haarfarbe, bestehend aus zwei Lösungen, gegeben ist, so sind folgende Modifikationen der Applikationsart möglich:

1. Erst 1 dann 2, direkt nacheinander oder nach längerem oder kürzerem Eintrocknen von 1.
2. Erst 2 dann 1, direkt nacheinander oder nach dem längeren oder kürzeren Eintrocknen von 2.
3. 1 und 2 mischen und dann erst auftragen.
4. 1 dann 2, dann nochmals 1 oder umgekehrt.

Daß auch der längere oder kürzere Kontakt des definitiven Reaktionsproduktes der 1. Phase mit dem Haar zwecks Lackbildung eine Rolle spielt, versteht sich von selbst.

So kann man mit der gleichen Haarfarbe durch früheres Auswaschen, also Verkürzung des Kontakts, entsprechend hellere Töne erzielen.

Alle diese möglichen Modifikationen der Arbeitsweise können ganz erhebliche Unterschiede in der Endtönung mit sich bringen.

Nach Beendigung dieser generellen Betrachtungen kommen wir nunmehr zur Besprechung der einzelnen Metallsalzgruppen und damit zum Formularium der Metallsalzhaarfarben.

Metallische Haarfärbemittel. Spezieller Teil

Die Metallsalzhaarfarben im engeren Sinne sind Lösungen wasserlöslicher Metallsalze und kommen in dieser Form in zwei oder mehr getrennten Flaschen in den Handel bzw. zur Anwendung. Einer dieser Behälter enthält die Metallsalzlösung und einer die Entwicklerlösung, in manchen Fällen wird auch eine dritte Flasche vorgesehen, die den Fixateur, meist Schwefelkaliumlösung, enthält. Im weiteren Sinne gehören aber auch zu den Metallhaarfarben die modifizierten vegetabilischen Farben, die wir später getrennt besprechen werden und von denen heutzutage speziell den Henna-Rastiks eine weittragende Bedeutung zukommt.

Wir erwähnen diese hier zunächst nur, um zum Ausdruck zu bringen, daß zu Breiumschlag-Applikationen auch unlösliche Metallverbindungen (Oxyde usw.) und auch Metallpulver, besonders Eisen- und Kupferpulver, Anwendung finden können und auch tatsächlich häufig finden, die natürlich bei der in Form von Lösungen applizierten flüssigen Haarfarbe nicht möglich ist. Dieser generelle Hinweis schien uns wichtig genug, um hier vorzugreifen.

Jedenfalls hat die immer mehr um sich greifende Anwendung der Breiumschlag-Applikationen der Verwendung der flüssigen Haarfarben großen Abbruch getan und dies mit vollem Recht, weil die Kataplasma-Applikation, besonders mit Henna, ungleich bessere Resultate zu erzielen gestattet.

Auch die Anilinhaarfarben (Oxydationsfarben) zählen zu den flüssigen Haarfärbemitteln, was hier nur in Parenthese bemerkt sei.

Silber-Haarfarben

Als Ausgangsmaterial dient das Silbernitrat $AgNO^3$ auch, unter dem Namen „Höllenstein" bekannt.

Man bereitet aus diesem Silbersalz entsprechend konzentrierte Lösungen und zwar ammoniakalische, indem man soviel Salmiakgeist zusetzt, bis der anfangs gebildete Niederschlag gerade wieder aufgelöst wird.

Neutrale Lösungen des Silbernitrats, die praktisch ebensogut verwendbar sind, werden in vielen Ländern als gesundheitsschädlich beanständet (z. B. in Österreich), auch übrigens zu stark konzentrierte Silberlösungen, was hier nur in Paranthese bemerkt sei. Die durch Ammoniakzusatz gebildete Silber-Ammoniumverbindung soll als komplexes Salz weniger schädliche Wirkung zeigen als das neutrale Silbernitrat.

Blond

Flakon Nr. 1

Silbernitrat	50 g
Ammoniak 10%	200 ccm
resp. soviel als nötig, um den entstandenen Niederschlag wieder aufzulösen.	
Wasser	1 L.

Flakon Nr. 2

Pyrogallol	10 g
Wasser..................	1 L.

Falls weniger als 200 ccm Ammoniak nötig sind, entsprechend mehr Wasser nehmen, damit das Gesamtvolumen dasselbe bleibt.

Für „Wasser" ist überall, ohne weiteren Hinweis nur destilliertes Wasser zu nehmen.

Châtain (Kastanienbraun)

Flakon Nr. 1

Silbernitrat	40 g
Ammoniak 10% .. ca.	200 ccm
Wasser	800 „

Flakon Nr. 2

Pyrogallol	20g
Wasser	1L.

Ammoniak und Wasser zusammen nicht mehr als 1 L.

Dunkelbraun

Flakon Nr. 1

Silbernitrat	80 g
Ammoniak 10%	ca. 300 ccm
Wasser	1500 „

Flakon Nr. 2

Pyrogallol	30 g
Wasser	1 L.

Schwarz

Flakon Nr. 1

Silbernitrat	50 g
Ammoniak 10%	ca. 450 ccm
Wasser	1 L.

Flakon Nr. 2

Pyrogallol	50 g
Wasser	1 L.

oder

Kaliumsulfid	80 g
Wasser	1 L.

(oder 80% Alkohol)

Schwarze Silberfarbe nach Art des „Oréal"

(nach Cerbelaud)

Nr. 1

Silbernitrat	5 g
Wasser	95 „
Ammoniak q. s.	

Nr. 2 (Virage)

Pyrogallol	1 g
Wasser	100 „
Ammoniak 25%	0,25 „

Nr. 3 (Fixateur)

Natriumsulfid	4,5 g
Wasser	100 „

Alle Flaschen, die Silberlösungen enthalten, müssen aus dunklem Glase sein. Man appliziert zuerst Nr. 1, läßt trocknen und dann Nr. 2.

Silberfarbenserie nach Dietrich

Flakon Nr. 1 für alle Nuancen

Pyrogallol	0,5 g
Wasser	38 „
Alkohol	12 „

Flakon Aschblond Nr. 2

Silbernitrat	1 g
Ammoniak 10%	3 „
Wasser	28 „

Flakon Braun Nr. 2

Silbernitrat	1,5 g
Wasser	26 „
Ammoniak 10%	4,5 „

Flakon Schwarzbraun bis Schwarz Nr. 2

Silbernitrat	2,5 g
Ammoniak 10%	7,5 „
Wasser	22 „

Fixateur für Schwarz, Flakon Nr. 3

Natriumthiosulfat	0,3 g
Wasser	20 „

Man appliziert zuerst 1, läßt dann 5 Minuten trocknen und dann Nr. 2. Bei Schwarz zum Schluß Nr. 3, etwa 10 Minuten nach dem Auftragen von Nr. 2. Nach beendeter Färbung zirka 3 Stunden trocknen lassen und dann auswaschen.

Silberfarben eignen sich nur gut für dunkle Töne. Blonde Nuancen mit Silber dunkeln stark nach und geben häßliche metallische Reflexe, weshalb Silbersalze für helle Nuancen nicht zu empfehlen sind. Aschblond läßt sich ziemlich gut durch Silbersalze erhalten.

Viel reinere Tönungen auch in den dunklen und besonders den schwarzen Nuancen erhält man hier, wenn man etwas Kupfersalz (etwa 1 bis 2 g per Liter Silberlösung, eventuell bis zu 9 g Kupfersulfat) zusetzt.

Kupferhaarfarben

Alle sachverständigen Autoren sind sich längst darüber einig, daß das noch immer in einzelnen Ländern bestehende Verbot der Kupfersalze zu Haarfärbemitteln durchaus unberechtigt ist. Erfreulicherweise haben Vorstellungen bei den maßgebenden Behörden der vereinzelten Länder, die dieses Verbot zum Gesetz erhoben haben, schon dahin gewirkt, daß dieses groteske Verbot inzwischen aufgehoben wurde (z. B. in Österreich) oder eine Aufhebung bevorsteht. Sehr interessante Mitteilungen und Beweise für die absolute Unschädlichkeit der Kupfersalze bringt Schueller in seiner Schrift „De l'innocuité des teintures pour cheveux", Librairie Le François, Paris. Absolut feststehende Tatsache ist es jedenfalls, daß auch kein einziger Fall von Kupfervergiftung durch Resorption durch die Kopfhaut nur jemals beschrieben oder einwandfrei festgestellt wurde.

Kupfersalze geben jedenfalls ganz besonders schöne Färbungen und außerordentlich haltbare Keratinlacke. Mit Nickel kombiniert, ergeben Kupfersalze besonders reine schwarze Töne, die anders praktisch gar nicht durch flüssige Haarfarben zu erreichen sind. Wie bereits erwähnt, geben Kupfersalze auch im Verein mit Silber schöne Färbungen, d. h. die Kupfersalze verbessern die Wirkung der Silbersalze erheblich.

Von Kupfersalzen werden hier verwendet: Kupfersulfat und Kupferchlorür.

Als Entwickler kommt Pyrogallol oder Alkalisulfid in Frage. Pyrogallol liefert schön gefärbte Pyrogallate, Alkalisulfide, Kupfersulfid, in konzentrierteren Lösungen rein schwarz (ohne metallische Reflexe) in verdünnteren Lösungen Mittelnuancen (Braun) ergebend.

Formularium

Hellbraun

Flakon Nr. 1		Flakon Nr. 2	
Kupfersulfat	52 g	Pyrogallol	18 g
Salpetersäure, konz.	50 Tropf.	Wasser	1 L.
Wasser	1 L.		

Châtain

Flakon Nr. 1		Flakon Nr. 2	
Kupfersulfat	52 g	Pyrogallol	18 g
Salpetersäure	50 Tropf.	Wasser	850 ccm
Wasser	850 ccm		

Braun

Flakon Nr. 1 wie für Châtain

Flakon Nr. 2	
Pyrogallol	40 g
Wasser	1 L.

Schwarz

Flakon Nr. 1		Flakon Nr. 2	
Kupfersulfat	18 g	Kaliumsulfid	45 g
Wasser	300 „	Wasser	1 L.
Ammoniak q. s. um entstandenen Niederschlag wieder zu lösen.			

Cadmium- und Zinnsalze sind ohne praktisches Interesse, auch nicht ganz unbedenklich in der Verwendung.

Sie kommen nur für Blond in Frage.

Cadmiumfarbe		Zinnfarbe	
1. Cadmiumsulfat	1 g	1. Zinnchlorür	2 g
Wasser	20 „	Wasser	18 „
2. Schwefelammonlösung		2. Kaliumsulfid	50 „
		Wasser	500 „

Wismuthaarfarben

Diese sind als ziemlich unschädlich anerkannt, werden aber meist als minderwertige Haarfarben nicht beachtet. Nun tut man in dieser Beziehung den Wismutfarben viel Unrecht, wie wir gleich sehen werden. Es ist zutreffend, daß die Wismutsalze keine dunklen Nuancen ergeben können, auch nicht, wenn allein verwendet, für mittlere Nuancen brauchbar sind. Sie geben aber sehr schöne natürliche blonde Töne, die, wenn richtig gefärbt, bedeutend schöner und natürlicher sind als alle anderen blonden Tönungen auf Basis von Metallsalzlösungen. Dagegen liefert Wismut in Kombination mit wenig Silbernitrat sehr gute und haltbare Nuancen mittlerer Tönung und sind wir der Überzeugung, daß die Wismutsalze ein sehr interessantes Material für Kombinationen aller Art darstellen, daher Versuche in dieser Richtung nur empfohlen werden können.

Im allgemeinen kennt der Praktiker die Wismutsalze nur wenig und wird wohl wenig Freude an den oft in der Literatur veröffentlichten Rezepten mit Wismutverbindungen gehabt haben, weil diese Vorschriften gar nicht den Löslichkeitsverhältnissen der Wismutsalze angepaßt sind.

Wenn wir die Löslichkeitsverhältnisse der in Frage kommenden Wismutsalze in Wasser und Alkohol bzw. Glyzerin betrachten, so sehen wir auf den ersten Blick, daß es sich hier um ganz eigenartige Umstände handelt. Betrachten wir nun in dieser Beziehung die einzelnen Wismutsalze, so können wir folgendes konstatieren:

Basisches Wismutnitrat, Magisterium Bismuthi, Bismuthum subnitricum, ist gänzlich unlöslich in kaltem oder heißem Wasser und in Alkohol, ebenso unlöslich in Glycerin, nur löslich in Säuren. Es kommt heute wohl praktisch nicht mehr direkt zur Herstellung von Haarfärbemitteln in Frage.

Neutrales Wismutnitrat (kristallinisches Wismutnitrat). Dieses Salz ist sehr gut zur Herstellung von Haarfärbemitteln geeignet, verlangt aber größte Sorgfalt beim Herstellen seiner Lösung. Es ist nur sehr wenig löslich in Wasser und fällt dieses, im Überschuß darauf einwirkend, unlösliches basisches Wismutnitrat. Es ist auch unlöslich in Alkohol, aber löslich in Glycerin 1 : 5. Diese mit fünf Teilen Glycerin für einen Teil neutrales Wismutnitrat erhaltene Lösung kann mit Wasser verdünnt werden, ohne daß sich unlösliches basisches Nitrat ausscheidet, aber nur wenn der Wassergehalt gewisse Grenzen nicht überschreitet.

Auch das neutrale Wismutnitrat läßt sich direkt in glyzerinhaltigem Wasser lösen, aber nur unter größter Vorsicht, um jeden Wasserüberschuß zu vermeiden, der Ausfallen unlöslichen basischen Nitrates bewirken würde. Weiter unten wird die Herstellung einer solchen Lösung ausführlich beschrieben werden.

Wismutcitrat (Citronensaures Wismut). Dieses Salz ist in Wasser, Alkohol und Glycerin unlöslich aber leicht löslich in Ammoniak bzw. ammoniakal. Alkohol und Wasser. Wenn wir die Vorschriften der Literatur für Wismuthaarfarben kritisch betrachten, müssen wir in der älteren Literatur leider feststellen, daß diesen Löslichkeitsverhältnissen der Wismutsalze keine Rechnung getragen wurde, solche Vorschriften also jedes praktischen Wertes entbehren.

So finden wir Vorschriften (Mann, Debay u. a.), die einfache Lösung des neutralen Wismutnitrates (zusammen mit Silbernitrat) in destilliertem Wasser empfehlen. Nach Vorhergesagtem ergibt sich aber die glatte Unmöglichkeit, eine Lösung nach diesen Vorsehriften herzustellen.

Sehr gut verwendbar sind zwei Vorschriften von Cerbelaud, die wir nachstehend wiedergeben:

Vorschrift Nr. 1

Flakon Nr. 1

Citronensaures Wismut.	50 g
Dest. Wasser	250 „
Alkohol	700 „
Ammoniak q. s. um zu	lösen.

Flakon Nr. 2

Natriumthiosulfat	100 g
Dest. Wasser	1 L.

Vorschrift Nr. 2

Flakon Nr. 1

Citronensaures Wismut.	50 g
Alkohol	33 „
Rosenwasser	200 „
Wasser	300 „
Ammoniak q. s.	

Flakon Nr. 2

Natriumthiosulfat	120 g
Dest. Wasser	400 „

Herstellung einer konzentrierten Lösung von neutralem Wismutnitrat

In einen bis 1000 ccm graduierten Meßzylinder, der gut trocken ist, gibt man neutrales Wismutnitrat 100 g und gießt darauf Glycerin 28 Bé 100 ccm.

Anderseits stellt man Glyzerinwasser her, indem man 100 ccm Glyzerin mit Wasser auf 1 L. verdünnt.

Nun gibt man 100 ccm Glyzerinwasser zu dem Gemisch der Kristalle und Glyzerin in den Meßzylinder und zerdrückt die Kristalle gut in dieser Lösung mit Hilfe eines unten breitgedrückten Glasstabes. Man fährt mit diesem Zerdrücken und gleichzeitigen Umrühren fort, bis alle Kristalle vollständig gelöst sind. Ist dies eingetreten, so gibt man vorsichtig in kleinen Portionen und unter stetigem Umrühren Glyzerinwasser zu, wobei mit dem Zusatz sofort aufzuhören ist, falls sich ein Niederschlag zu formen beginnen sollte. Bei vorsichtigem Arbeiten ist dies aber ausgeschlossen, geringfügige Trübungen sind ohne Bedeutung. Man füllt schließlich mit Glyzerinwasser genau zu ein Liter auf, rührt gut durch und die Lösung ist fertig. Sie kann, ohne filtriert zu werden, in Flaschen gefüllt und zum Haarfärben verwendet werden.

Blonde Haarfarbe

Flakon Nr. 1 obige Lösung	**Flakon Nr. 2**
	Natriumthiosulfat ..... 100 g
	Dest. Wasser .... 500 „

(Kombinierte Wismuthaarfarbe s. S. 48.)

Nickel- und Cobalthaarfarben

Diese sind in ihrer Wirkung ziemlich analog, aber Nickel gibt besonders schöne, dunkle Nuancen, auch Schwarz, besonders zusammen mit Kupfersalzen. Cobalt wird meist für mittlere Nuancen (Kastanienbraun usw.) verwendet. Ganz vorzüglich verwendbar sind Nickel und Cobaltsalze in gemischten Haarfarben.

Man verwendet beide entweder in ammoniakalischer oder neutraler Lösung, als Beize dient meist Pyrogallol, aber auch Sulfide sind verwendbar. Besonders schön sind auch die hier erhaltenen blonden Farben, verblassen aber leicht.

Nachstehend einige Vorschriften:

Vorschrift Nr. 1

1. Nickelnitrat	40 g	2. Pyrogallol	60 g
Ammonkarbonat ...	10 „	Alkohol	200 „
Zucker	5 „	Wasser	740 „
Ammoniak, 10%....	150 „		
Wasser	795 „		

Vorschrift Nr. 2 (Blond)

1. Nickelnitrat	50 g	2. Pyrogallol	10 g
Wasser	1 L.	Wasser	1 L.

Vorschrift Nr. 3 (Châtain)

1. Cobaltnitrat	25 g	2. Kaliumsulfid	45 „
Nickelsulfat	25 „	Alkohol	500 „
Wasser	550 „	Wasser	500 „
		oder:	
		Pyrogallol	25 „
		Wasser	1 L.

Vorschrift Nr. 4 (Braun-Schwarz)

1. Nickelsulfat	40 g	2. Pyrogallol	35 g
Cobaltnitrat	10 „	Wasser	1 L.
Wasser	350 „		

Vorschrift Nr. 5 (Blond mit Cobaltsalz)

1. Cobaltnitrat	50 g	2. Kaliumsulfid	50 g
Wasser	1 L.	Wasser	1 L.

Auch ammonialkalische Lösungen der Cobalt- und Nickelsalze werden verwendet, z. B.:

Châtain clair

Nr. 1

Cobaltnitrat .... 5 g
Nickelnitrat .. .. 1 „
Ammoniak soviel als nötig, um die Niederschläge zu lösen, dann Wasser bis zu einer Gesamtmenge von 100 ccm.

Nr. 2

Pyrogallol .... 40 g
Wasser .... 1 L.

Eisenhaarfarben

Die Haarfarben auf Basis von Eisensalzen sind leider nur wenig haltbar und kommen praktisch für den Haarfärbefachmann nur in Form komplexer Gemische mit anderen Metallsalzen in Frage, welche Zusätze den Eisensalzen eine größere Haltbarkeit verleihen. Ganz vorzüglich verwendbar sind Eisensalze bzw. metall. Eisen oder Eisenoxyd in Rastikskompositionen und ganz besonders bei den Henna-Rastiks. Auch Silber-, Cobalt- und Nickelsalze und vor allem Kupfersalze erhöhen die Beständigkeit der Keratin-Eisenfarblacke auf dem Haar und vertiefen die Nuance. Solche Zusätze kommen aber nicht an jene heran, die, nach Art der Henna, der Galläpfel u. a., die Färbekraft und Beständigkeit der Eisenfarben in ganz besonderem Maße akzentuieren. Bei solchen Gemischen bewirkt, besonders bei den Schwarz-Nuancen, gleichzeitige Mitverwendung von Blauholzextrakt besonders kräftiges Anfärben der Eisensalze, wobei allerdings längere Einwirkung feuchter Wärme vorausgesetzt ist.

Die Verwendbarkeit des Eisens und seiner Salze ist also rein praktisch auf die Pastenapplikation (Rastiks) oder den Breiumschlag (Henna-Rastiks) beschränkt, Lösungen von Eisensalzen haben nur wenig praktischen Wert, es sei denn als Hilfsmittel zum Korrigieren gewisser Reflexe und anderer Fehler.

Nachstehend geben wir einige Vorschriften für einfache Eisensalzlösungen zum Haarfärben.

Blond

Nr. 1		Nr. 2	
Eisenchlorid	10 g	Pyrogallol	30 g
Wasser	500 „	Wasser	1 L.

Braun

Nr. 1		Nr. 2	
Ferrosulfat (schwefelsaures Eisenoxydul).......	100 g	Schwefelkalium........	50 g
Wasser	1 L.	Wasser	1 L.
		oder besser:	
		Pyrogallol	30 g
		Wasser...............	1 L.

Schwarz

Nr. 1		Nr. 2	
Eisenchlorid	100 g	Pyrogallol	50 g
Wasser.............	1 L.	Wasser...............	1 L.

Auch die Eisenlösungen müssen in dunklen Flaschen aufbewahrt werden, da sie lichtempfindlich sind.

Manganhaarfarben

Als Ausgangsmaterial für diese Haarfärbemittel kommen die übermangansauren Salze in Frage, die allerdings nur blonde und braune, wenig haltbare Färbungen zu erzielen gestatten. Das Natriumpermanganat ist dem Kaliumpermanganat vorzuziehen, da es besser wirkt. Die Permanganate färben schon ohne Entwickler an der Luft, doch empfiehlt sich meist die Mitverwendung eines solchen, wie Tannin, Alkalisulfid oder Pyrogallol, um natürlichere, weniger fuchsige Töne zu erhalten.

Nachstehend einige Vorschriften dieser Art.

Blond

Nr. 1		Nr. 2	
Natriumpermanganat ..	10 g	Natriumsulfid	20 g
Wasser	500 „	Wasser	400 „

Châtain

Nr. 1		Nr. 2	
Kaliumpermanganat ..	150 g	Pyrogallol	35 g
Wasser	1 L.	Wasser	1 L.

Braun

Nr. 1		Nr. 2	
Natriumpermanganat .	300 g	Pyrogallol	50 g
Wasser	1 L.	Wasser	1 L.

Statt der Permanganate kann man auch andere Mangansalze, z. B. Mangansulfat, verwenden.

Die Mangansalzlösungen, besonders jene der Permanganate, müssen vor Luft und Licht geschützt in dunklen Flaschen aufbewahrt werden. Die erzielte Haarfarbe ist wenig haltbar und bleicht rasch am Lichte aus. Säuren, schwefligsaure Salze, Natriumthiosulfat, Wasserstoffsuperoxyd (Oxalsäure) u. a. zerstören sie. Diese Chemikalien können also auch zur Entfernung von Permanganatflecken verwendet werden.

Gemischte Haarfarben rein chemischer Natur

(Metallsalzkombinationen)

Die hier erhaltenen Effekte sind ziemlich analog mit jenen, die durch Applikation der Henna-Rastiks erhalten werden, nur fehlt diesen Lösungen oft, ja in der Regel, die wohl durch die Henna bewirkte größere Stabilität der Färbung, die gerade die Henna-Rastikkompositionen vorteilhaft von den gewöhnlichen Metallsalzlösungen häufig — aber nicht immer — unterscheidet. Wir dürfen aber trotzdem von der Kombination verschiedener Metallsalze in der gleichen Lösung oft ganz erhebliche Verbesserung der Färberesultate erwarten, weil, wie bereits kurz erwähnt, hier eine gewisse Komplexität der Färbewirkung zur Geltung kommt, die durch die simultane Wirkung mehrerer, geeignete Farbniederschläge liefernder Metalle bedingt zu werden scheint.

Für diese gegenseitige Unterstützung in der Färbewirkung der Metallsalze, bewirkt durch simultane Applikation, bzw. simultanes Niederschlagen solcher Lösungen, auf dem zu färbenden Haar, die mehrere derartiger „komplementärer" Metallsalze enthalten, lassen sich zahlreiche praktische Beispiele anführen, von denen wir hier, zur Information des Lesers, einige kurz besprechen wollen.

Gibt man z. B. zu Lösungen von Wismutsalzen Silbernitrat, bereitet man also kombinierte Lösungen von Wismut- und Silbersalzen, so kann man die notorische Farbenunechtheit der Wismutsalze für mittlere (Hellbraun, Kastanienbraun) und dunklere (Maximum Braun für Wismut allein) gänzlich beseitigen und sehr haltbare und natürliche Mitteltöne hervorrufen. Je nach dem Verhältnis von Wismutsalz und Silbernitrat, können beliebige dunklere und hellere Schattierungen der Braunnote erzielt werden, für hellere Töne soll jedoch das Verhältnis von Wismut- zu Silbersalz im Mittel 2 : 1 nicht überschreiten. Für dunklere Nuancen kann 1 : 1 gewählt werden. Die effektive Gegenseitigkeit der Wirkung von Wismut und Silber in dieser kombinierten Lösung macht sich aber auch dadurch geltend, daß auch das Wismut viele unangenehme Eigenschaften der Silberlösungen aufhebt, und es möglich ist, mit Wismut-Silberlösungen helle Töne ohne schwärzliche Verfärbung (wie z. B. bei Silberblond usw.) zu erhalten, besonders aber sehr reine, haltbare Mitteltöne, die, wenn richtig gearbeitet wurde, von berückender Natürlichkeit sind.

Wir geben nachstehend einige Vorschriften zur Herstellung solcher kombinierter Wismut-Silberlösungen:

Agbi Nr. 1

Neutrales Wismutnitrat	100 g
Silbernitrat	100 „
Glycerin 28 Bé	100 ccm
Glycerinwasser (Glyc. 1 : 9) ad.....	1 L.

Agbi Nr. 2

Agbi Nr. 1	1000 ccm
Glycerinwasser	1000 „

Agbi Nr. 3

Neutral. Wismutnitrat	100 g
Silbernitrat	50 „
Glycerin 28 Bé	100 ccm
Glycerinwasser ad ..	1 L.

Nr. 1 und 3 werden analog der Seite 43 beschriebenen Methode bereitet. Silbernitrat wird mit dem Wismutsalz zusammen in Glycerin zerrieben, dann in wenig Glycerinwasser gelöst usw.

Durch Kombination von Silber und Cobalt oder Nickel lassen sich ähnliche Effekte erhalten, Silber-Nickelkombinationen geben sehr schöne dunkle (auch schwarze) Töne. Überhaupt sind die mannigfachsten Kombinationen möglich, natürlich auch ohne Silber. Silber trägt aber auch ganz besonders zur Stabilität der Eisennuancen bei, so sind z. B. Silber-Eisen-Nickel-Kombinationen sehr gut verwendbar, Silber-Kupfer-Kombinationen geben prächtiges Schwarz usw.

Formularium der kombinierten Metallsalzhaarfarben

Kombinierte Wismut-Silberfarbe

Châtain

Nr. 1

Agbi Nr. 1

Nr. 2

Schwefelkalium........	80 g
Alkohol	200 „
Wasser	800 „

Braun

Nr. 1	Nr. 2	
Agbi Nr. 1.	Pyrogallol	30 g
	Alkohol	200 „
	Wasser	800 „

Bei beiden erst Nr. 1 auftragen, etwas eintrocknen lassen, dann Nr. 2 und völlig trocknen lassen, ehe man auswäscht.

Beide geben wunderschöne, zarte, natürliche Nuancen in ziemlich heller Tönung.

Serie I.

a) Diverse Silbersalzkombinationen

Silber-Kupferfarbe **Schwarz**

Nr. 1		Nr. 2	
Silbernitrat	9 g	Pyrogallol	50 g
Kupfersulfat	1 „	Alkohol	200 „
Ammoniak q. s.		Wasser	800 „
Wasser ad 1 l.		oder:	
		Kaliumsulfid	80 g
		Alkohol	300 „
		Wasser	300 „
		event. auch als Flakon Nr. 3 (Fixateur) beizugeben	

Tiefschwarz (nach Redgrove)

Silbernitrat	3,5 g	Als Entwickler 4%ige Pyrogallollösung
Cobaltnitrat	1,5 „	
Nickelnitrat	3 „	
Ammoniak q. s.		
Wasser ad	100 ccm	

Schwarz

Nr. 1		Nr. 2	
Silbernitrat	300 g	Pyrogallol	50 g
Nickelsulfat	50 „	Alkohol	500 „
Ammoniak q. s.		Wasser	500 „
Wasser	2000 „		

Braun

Nr. 1		Nr. 2
Silbernitrat	120 g	Pyrogallollösung wie vorstehend
Nickelsulfat	120 g	
Ammoniak q. s.		
Wasser	2000 „	

Châtain

Nr. 1		Nr. 2	
Silbernitrat	80 g	Pyrogallol	20 g
Nickelsulfat	120 „	Alkohol	500 „
Ammoniak q. s.		Wasser	500 „
Wasser	2000 „		

Châtain clair

Nr. 1		Nr. 2
Silbernitrat	0,5 g	
Cobaltnitrat	5 „	
Nickelnitrat	0,5 „	Pyrogallollösung wie vorstehend
Ammoniak q. s.		
Wasser ad	100 ccm	

Blond

Nr. 1		Nr. 2	
Cobaltnitrat	2,5 g	Pyrogallol	10 g
Nickelnitrat	0,5 „	Alkohol	500 „
Ammoniak q. s.		Wasser	500 „
Wasser ad	100 ccm		

b) **Dunkle Nuancen ohne Silber**

Schwarz

Nr. 1		Nr. 2	
Kupfersulfat	80 g	Pyrogallol	50 g
Eisenchlorid	190 „	Wasser	1 L.
Wasser	10 L.		

Dunkelbraun

Nr. 1		Nr. 2	
Kupfersulfat	125 g	Pyrogallol	35 g
Eisenchlorid	65 „	Wasser	1 L.
Wasser	10 L.		

Diese beiden Vorschriften sind, weil kupferhaltig, gesetzlich nicht überall zulässig. Kupfersulfat läßt sich übrigens so ziemlich durch Nickelsulfat ersetzen, um den Vorschriften solcher Gesetze gerecht zu werden.

Blond mit Wismut

Nr. 1	Nr. 2	
Agbi Nr. 3.	Schwefelkalium	50 g
	Alkohol	200 ccm
	Wasser	800 „

Erst nach völligem Trocknen auswaschen

Aschblond mit Pyrogallol

Nr. 1		Nr. 2	
Schwefelkalium	80 g	Pyrogallol	30 g
Alkohol	200 ccm	Wasser	1 L.
Wasser	800 ,,		

Châtain

Nr. 1		Nr. 2	
Cobaltnitrat	70 g	Pyrogallol	30 g
Nickelnitrat	20 ,,	Wasser	1 L.
Eisenchlorid	10 ,,		
Silbernitrat	5 ,,		
Wasser	1 L.		

Hellbraun

Nr. 1		Nr. 2
Cobaltnitrat	50 g	Wie vorstehend Châtain
Nickelnitrat	10 ,,	
Silbernitrat	3 ,,	
Wasser	1 L.	

Serie 2

In dieser Serie bringe ich die Vorschrift für eine unter dem Namen „La Royale“ in Belgien und Frankreich benutzten Haarfarbe, in entsprechend modifizierter, d. h. verbesserter Form. In meinem Handbuch der gesamten Parfumerie und Kosmetik, Verlag Julius Springer, Wien, hatte ich die Originalvorschrift veröffentlicht, die jedoch in mancher Hinsicht weniger zweckmäßig war als vorliegende Modifikation, vor allem wohl in vielen Fällen zu reichliche Ammoniakmengen enthielt.

Die Farbenskala dieser kombinierten Haarfarbe wird aus verschiedenen Stammlösungen zusammengesetzt, mit deren Herstellung wir uns nachstehend zunächst beschäftigen wollen.

Herstellung der Stammlösungen

Cobaltlösung

Cobaltnitrat .... 1000 g
Wasser .... 3000 ,,
Man löst und gibt hinzu:
Ammoniumchloridlösung .... 2500 ccm
mischt und dann allmählich Wasserstoffsuperoxydlösung 3% 500 ccm
schließlich
Ammoniak 25% q. s.
und bringt mit Wasser auf ein Gesamtvolumen von 10 L.

Anmerkung. Trotz Anwesenheit eines Ammonsalzes wird Ammoniak eine teilweise Fällung von Cobalthydroxyd hervorrufen, bis zu deren Lösung Ammoniak zugesetzt werden muß, worauf man auf ein Gesamtvolumen von 10 Litern ergänzt.

Auch diese Lösung soll etwa 8 Tage vor Gebrauch stehen, weil sie Abscheidungen niederschlägt. Von diesen wird abgegossen. Es resultiert eine dunkelbraunrote Lösung.

Nickellösung wird in völlig analoger Weise unter Verwendung von Nickelnitrat hergestellt.

Diese oxydierten ammoniakalischen Cobalt- bzw. Nickellösungen geben sehr gut haftende Lacke, wobei der Wasserstoffsuperoxydgehalt beschleunigend und fixierend wirkt.

Ammonchloridlösung

Chlorammonium	2000 g
Wasser bis zu einem Gesamtvolumen von ...	10 l

Silberlösung

Silbernitrat	100 g
Wasser	500 „
Ammoniak q. s.	

Schließlich mit Wasser auf ein Gesamtvolumen von 1 L. bringen.

Farbenmischungen

Schwarz

Nr. 1

Silberlösung.........	500 ccm
Nickellösung	300 „
Wasser	200 „

Nr. 2

Pyrogallol 35 bis 50 g in 1 L. Wasser oder 50% Alkohol

Nr. 3 (Fixateur)

Kaliumsulfid	80 g
Alkohol	200 ccm
Wasser	800 „

Noir Espagnol

Nr. 1

Silberlösung.........	350 ccm
Cobaltlösung	150 „
Nickellösung	200 „
Wasser	200 „

Nr. 2

30 g Pyrogallol in 1 L. Wasser, resp. verdünntem Alkohol

Nr. 3

Fixateur wie bei Schwarz

Dunkelbraun

Nr. 1

Cobaltlösung	500 ccm
Silberlösung.........	250 „
Nickellösung	50 „
Wasser	200 „

Nr. 2

Wie Noir Espagnol

Châtain dunkel

Nr. 1		Nr. 2	
Cobaltlösung	500 ccm	Pyrogallol	25 g
Silberlösung	100 „	Wasser	1 L.
Nickellösung	300 „		
Wasser	300 „		

Châtain

Nr. 1		Nr. 2	
Cobaltlösung	500 ccm	Pyrogallol	20 g
Silberlösung	50 „	Wasser	1 L.
Nickellösung	50 „		
Wasser	400 „		

Châtain clair

Nr. 1		Nr. 2	
Cobaltlösung	300 ccm	Pyrogallol	15 g
Nickellösung	10 „	Wasser	1 L.
Silberlösung	40 „		
Wasser	650 „		

Aschblond (Blond Cendré)

Nr. 1		Nr. 2	
Nickellösung	100 ccm	Pyrogallol	15 g
Cobaltlösung	25 „	Ammoniak 25%	200 ccm
Silberlösung	25 „	Wasser	1 L.
Wasser	850 „		

Haarfarben in einer Flasche, mit Reduktionsmitteln hergestellt

Während die Mehrzahl der zur Anwendung kommenden Haarfärbemittel aus zwei Lösungen besteht, die getrennt abgegeben und appliziert werden, ist es auch möglich, sehr gute Haarfarben herzustellen, die das Metallsalz und das niederschlagbildende Agens in einer einzigen Flüssigkeit vereinigt enthalten, indem durch Zusatz eines geeigneten Reduktionsmittels die zwischen den Komponenten bei Sauerstoffzutritt eintretende Reaktion verhindert wird, beide wesentlichen Teile der Haarfarbe sich also bei Luftabschluß indifferent verhalten.

Setzt man nun dieses, meist schwachgefärbte oder farblose, aber stets niederschlagsfreie Gemisch (praktisch nach dem Befeuchten des zu färbenden Haares, auf demselben) der Luft aus, so tritt zunächst allmähliches Dunkelwerden (progressive Niederschlagsbildung) und bald darauf eine spontane Reaktion ein, und zwar in dem Augenblick, in dem die reduzierende Wirkung des zugesetzten Reduktionsmittels durch den Sauerstoff der Luft völlig aufgehoben wird. Die alsdann eintretende Reaktion ist in jeder Beziehung identisch mit jener, die stattfindet, wenn man die beiden miteinander reagierenden Prinzipien getrennt nacheinander auf das Haar aufträgt.

Man darf wohl mit Recht annehmen, daß die mit diesen reduzierten Haarfarben erreichte Reaktion auf dem Haare eine wirksamere ist, weil hier das Haar in absolut gleichmäßiger Weise mit einer einheitlichen Lösung durchtränkt wird, in der die Reaktion viel gleichmäßiger verläuft und vor allem nicht so oberflächlich eingeleitet wird, wie dies beim Auftragen der zweiten Lösung stets der Fall ist, wo durch spontane Bildung eines zunächst immer oberflächlichen Niederschlages, vielleicht gerade durch lokal zu reichlich auftretende Niederschlagsmengen, ein Eindringen kleiner Niederschlagspartikelchen in die Hornzellen sicher nicht gefördert wird.

Dies ist aber bei den reduzierten Haarfarben wohl anders, weil hier die Bildung des Niederschlages innerhalb der bereits in die Hornzellen eingedrungenen Flüssigkeit, und zwar in allen Teilen derselben, ziemlich gleichzeitig stattfindet, indem die niederschlagbildende Reaktion durch in der eingedrungenen Flüssigkeit überall gleichmäßig verteilte kleinste Mengen beider reaktionsgebenden Komponenten zunächst progressiv im gegebenen Moment spontan in allen Teilen der eingedrungenen Flüssigkeit einsetzt, wodurch auch eine spontane, gleichmäßige und vor allem sehr feine Verteilung des färbenden Niederschlages gewährleistet wird, während wir beim getrennten Auftragen beider Lösungen immer mit der Oberflächenreaktion beginnen müssen und für gleichmäßiges Eindringen des zur Erteilung der Färbung bestimmten Reaktionsprodukts in die Hornschicht keine absolute Gewähr haben.

Diese Annahmen gehören allerdings heute noch ins Reich der Hypothese, weil überzeugende vergleichende Versuche dieser Art noch nicht gemacht wurden, respektive wir noch nicht über einwandfrei festgestellte vergleichende Resultate verfügen.

Jedenfalls bedeutet die Verwendung eines solchen reaktionsfähigen Gemisches eine ganz erhebliche Vereinfachung der Färbemethode. Nachstehend geben wir einige Vorschriften dieser Art wieder und hoffen damit auch zu weiteren Versuchen anzuregen, die Herstellung dieser recht interessanten, einteiligen Haarfärbemittel noch weiter auszubauen.

Blond

Pyrogallol	40 g
Schwefligsaures Natrium	80 „
Wasser	1,2 L.
Ammoniak 10%	0,4 „

Aschblond

Pyrogallol	40 g
Natriumsulfit	80 „
Wasser	2 L.
Kobaltnitrat	20 g

Châtain

Kobaltnitrat	100 g
Pyrogallol	40 „
Natriumsulfit	80 „
Wasser	2 l

Dunkelbraun

Pyrogallol	40 g
Natriumsulfit	80 „
Wasser	2 L.
Kobaltnitrat	200 g

Schwarz

Pyrogallol	50 g
Natriumsulfit	100 „
Eisenchlorid	100 „
Wasser	2 L.
Nickelnitrat	200 g

Zur Herstellung dieser Lösungen löst man zuerst das Natriumsulfit in Wasser, dann das Pyrogallol und schließlich die Metallsalze. Diese Haarfarben müssen in dunklen, gut verschlossenen und hochgefüllten Flaschen abgegeben werden, um jede Oxydation in der Flasche zu vermeiden. Sie sind, so verschlossen, sehr lange haltbar, mangelhafter Verschluß setzt sie aber rasch dem Unwirksamwerden aus, respektive setzt ihre Färbekraft erheblich herab.

Erwähnen wollen wir an dieser Stelle noch das D. R. P. Nr. 344529, Dr. Otto Volz, Berlin, nach dem man zum Färben unter anderem Metallsalze der höheren Fettsäuren in Benzylbenzoat, Terpineol oder Fetten löst und sie dann mit Pyrogallol usw. mischt. Diese Mischung soll die Haare rasch färben und die Färbung ohne jeden Metallschimmer sein. S. 67 wird dieses Verfahren ausführlicher besprochen werden.

Diverse Haarfärbemittel

Der Kohol kommt als Haarfarbe praktisch höchstens auf der Bühne in Frage; es wird wohl niemand einfallen, die Haare mit leicht heruntergehender Tusche zu schwärzen.

Paschkis erwähnt eine Haarfarbe aus molybdänsaurem Ammon und Pyrogallol, die ebenfalls ohne praktische Bedeutung ist. Ebenso die von dem gleichen Autor zitierte Färbemethode, nach der zur Erzielung von Blond die Haare zunächst mit einer mit angesäuertem Wasser verdünnten Lösung von salpetriger

Säure befeuchtet werden und dann eine alkalinisierte wässerige Lösung von Salizylsäure (Lösung von Natriumsalizylat) aufgetragen wird.

Um rote Haare nachzudunkeln, das heißt ihnen ein weniger auffälliges Aussehen zu geben, werden empfohlen:

1. Zuerst eine Lösung von Ferrosulfat auftragen, dann Sodalösung.

2. Die Haare mit folgender Flüssigkeit einstäuben und dann durchkämmen.

Lösung:

Kalksaccharat.........	3,5 g
Glycerin..............	15 „
Alkohol	15 ccm
Wasser ad 300	

Haarfarben auf vegetabilischer Grundlage, durch Zusatz von Metallsalzen, Metallpulvern und gewisser Chemikalien modifiziert

Wir kommen jetzt zu einem für den modernen Haarfärbefachmann ganz besonders interessanten Kapitel, das ein Gebiet behandelt, auf dem der strebsame Fachmann seine erworbenen chemischen Kenntnisse in sehr nutzbringender und unendlich vielseitiger Weise verwerten kann, wenn er zu denen gehört, die wirklich Originelles schaffen wollen und nicht der großen Anzahl jener Fachleute angehört, die auf diesem Gebiete ausgetretene Wege wandeln wollen und die Mühe sorgfältig durchgeführter systematischer Versuche scheuen.

Was ganz speziell die Henna-Rastiks anlangt, die wir als die modernsten, besten und vielseitigsten Haarfärbemittel unserer Tage ansehen müssen, so lassen sich hier Modifikationen der Haupttöne schaffen, die bei einer anderen Art Haarfarben auch nicht annähernd zu erreichen sind, ganz abgesehen von der Echtheit und Natürlichkeit der Farbtöne, die diese Henna-Rastiks in der Hand des geschickten Applikateurs mit ausreichenden chemischen und fachtechnischen Kenntnissen zu erzielen gestatten.

Ganz allgemein gesprochen sind also Haarfarben, die neben Metallsalzen u. dgl. auch vegetabilische Bestandteile in nicht zu kleinen Mengen enthalten, durch besonders gute Wirkung ausgezeichnet und gestatten es auch, solche Metallsalze bzw. Metalle heranzuziehen, die in Form von Lösungen nur wenig befriedigende Resultate ergeben, so z. B. Eisen. Inwieweit die pflanzlichen Bestandteile an der Vermittlung fixer Lackbildung mit der Keratinsubstanz des Haares beteiligt sind und durch welche Vorgänge innerhalb des Gemisches beim Auftragen in Form eines heißen Farbbreis (Gärung?) diese Begünstigung der Färbung zurückzuführen ist, ist zur Zeit nicht genügend aufgeklärt, um in auch nur einigermaßen präziser Form erklärt werden zu können. Tatsache ist es aber, daß diese Vegetabilien bzw. gewisse Bestandteile derselben (Henna-Tannin, Rhabarbertannin, Hennarot, Chrysophansäure usw.) den Metallsalzen viel energischere und natürlichere färbende Eigenschaften verleihen, als dies bei den korrespondierenden Metallsalzlösungen erwartet werden kann. Es verleiht diesen Gemischen das pflanzliche farb- und gerbstoffhaltige Produkt eine gewisse Komplexität der Wirkung, die ganz eigenartiger Natur ist und in einer Natürlichkeit und Echtheit der Tönungen zum Ausdruck kommt, die alle anderen Haarfärbemittel bei weitem in den Schatten stellt.

Es kann natürlich praktisch auch nicht annähernd durchführbar sein, alle Möglichkeiten der Variierung der Effekte durch entsprechende Modifikationen der Haarfarben dieser Art in Betracht zu ziehen und möge der Leser von diesem Standpunkte ausgehend unser nachstehendes Formularium als Hinweis auf die hauptsächlichsten Möglichkeiten benutzen. Möge er die dort veröffentlichten erprobten Vorschriften als Grundlage zu seinen Versuchen, die immer nötig sind, verwenden und dieselben seiner Erfahrung nach und seinen Zwecken entsprechend modifizieren und immer selbst bemüht, sein Neues und Originelles zu schaffen. Ihn hierzu anzuregen soll der vornehmste Zweck dieses Formulariums und unserer erläuternden Ausführungen sein, nicht aber ihn zum bloßen Kopieren zu veranlassen, denn diese Vorschriften geben lediglich Anhaltspunkte wie es gemacht werden kann, nicht wie es gemacht werden muß.

Jedenfalls sind die Variationsmöglichkeiten unter Heranziehung aller Kapitel dieses Buches fast unendlich, ausschlaggebend kann immer nur ein Versuch am lebenden Haar sein, um die Wirkung auch einer solchen Haarfarbe einwandfrei zu erproben.

Nachstehend werden wir zunächst die eigentlichen Rastiks mehr dokumentarisch besprechen, weil die Verwendung von Haarfärbemitteln in Form trockener Pasten sich wohl niemals bei uns einbürgern wird. Immerhin sind auch die eigentlichen Rastiks als Vorläufer bzw. Verwandte der Henna-Rastiks nicht uninteressant. Alsdann werden wir uns ganz ausführlich mit den besonders wichtigen Henna-Rastiks beschäftigen.

Rastik der Orientalen (Rastik Yuzi)

Askinson gibt hierzu folgende Vorschrift:

Gepulverte Galläpfel	200	g
Eisenfeilspäne	5	,,
Kupferspäne	0,5	,,
Tonkinmoschus	0,25	,,

Man röstet zunächst die Galläpfel in einem kupfernen Kessel, wodurch das Tannin der Galläpfel in Pyrogallol übergeführt wird. Dann macht man dieses geröstete Pulver mit Wasser zu einer dicken Pasta an und erhitzt weiter, bis das Gemisch homogen geworden ist. Alsdann gibt man die Metallspäne hinzu und arbeitet gleichmäßig durch. Diese Rastikpasta ist nicht sofort zum Gebrauch geeignet, sondern erwirbt färbende Eigenschaften erst nach zirka einem Monat, wenn sie ganz schwarz geworden ist.

Man gebraucht diese Pasta, indem man die Haare damit bestreicht, etwa zwei Stunden liegen läßt und dann auswäscht. Die nach der ersten Applikation erhaltene Färbung ist wenig schön, erst nach mehreren Applikationen bekommen die Haare eine schwarze Färbung.

Man hat auch versucht, diese Rastiks durch Metallsalzhaarfarben in Form von Lösungen zu ersetzen.

Nachstehend zwei Vorschriften dieser Art.

Rastik-Imitationen

Braune Töne

Pyrogallol	178	g
Kupfersulfat	520	,,
Salpetersäure, konzentr.	25	,,
Wasser	17	l

Schwarze Töne

Pyrogallol	218	g
Kupfersulfat	520	,,
Salpetersäure konzentr.	25	,,
Wasser	17	l

Henna-Rastiks

Wir haben bereits die Wichtigkeit dieser Sorte von Haarfarben gebührend betont, werden aber nochmals einige Hinweise auf die Wichtigkeit dieser Haarfarben in der modernen Haarfärberei geben und ihre Charakteristik durch ein reichhaltiges Formularium und erläuternde Ausführungen so deutlich zu machen versuchen, daß der Praktiker genügend Anregung findet, sich in die Materie so zu vertiefen, um hieraus den größtmöglichen Nutzen zu ziehen.

Zunächst sei der für die Blondnuancen wichtigen und unerläßlichen Vorbehandlung des Haares mit Wasserstoffsuperoxyd gedacht. Wir betonen hier das Wort Vorbehandlung, wodurch zum Ausdruck gebracht werden soll, daß hier eine Nachbehandlung des gefärbten Haares niemals in Frage kommen soll, weil die Gegenwart von Metallsalzen die stetige Gefahr einer schweren Schädigung des Haares (Rauchen, Verbrennen) mit sich bringen kann, eine Tatsache, die wir bereits früher erwähnten und auf die wir noch ausführlicher zurückkommen werden, auch glauben wir, dieselbe nicht oft genug erwähnen zu können, um die oft in diesem Sinne leichtfertig bewerkstelligte Verwendung von Wasserstoffsuperoxyd zum Nachbehandeln von mit Metallsalzen (besonders Eisensalzen) gefärbten Haaren zu rügen und auf deren Gefahr aufmerksam zu machen.

Die auch nur ziemlich oberflächliche Vorbehandlung der zum Blondfärben bestimmten Haare mit Wasserstoffsuperoxyd bezweckt hier lediglich, einen genügend hellen Grund zu schaffen, um die blonden Tönungen entsprechend rein hervortreten zu lassen; soweit es sich, wie in der Mehrzahl der Fälle, um graumeliertes Haar handelt. Praktisch werden die Haare nur soweit angebleicht, um diesen Zweck zu erreichen, alsdann aber gut ausgewaschen. Die Applikation geschieht auf das noch feuchte Haar, das natürlich in allen Fällen gut entfettet sein muß.

Keinesfalls kommt also hier eine direkte Mitwirkung des Wasserstoffsuperoxyds in Frage, obwohl die Vorbleichung immer eine energischere Färbung gestattet, bzw. zur Folge hat. Auch Haar, welches noch Wasserstoffsuperoxyd von der Vorbehandlung her enthält, dieses also direkt mit dem Metallsalze enthaltenden Applikationsbrei (Kataplasma) in Reaktion treten könnte, kann durch Katalyse stark angegriffen werden, was natürlich immer zu vermeiden ist. Für mittlere und dunkle Nuancen kommt eine Vorbehandlung mit Wasserstoffsuperoxyd praktisch im allgemeinen nicht in Frage. Indes können Fälle vorkommen, in denen eine solche Vorbehandlung (Vorbleichen und nachheriges Auswaschen) in Betracht gezogen werden, um dunklere Nuancen zu erzielen, als dies die Grundnuance der Haarfarbenmischung ohne diese Vorbehandlung ermöglicht.

Solche Fälle sind aber relativ selten. Praktisch ist es immer möglich, mit geeigneten Kompositionen dieser Art auch mit einer für hellere Nuancen bestimmten und dosierten Mischung entsprechend dunklere Töne zu erhalten, sei es durch ein solches Vorbleichen, sei es durch längeren Kontakt oder durch Anwendung künstlicher, feuchter Wärme, die für dunklere Nuancen stets zur Anwendung kommen sollte, weil es hierdurch ermöglicht wird, ganz bestimmte Vorteile zu erzielen. Diese liegen einmal in der beträchtlichen Abkürzung der Applikationsdauer, dann aber auch in der Erzielung besonders schöner, gleichmäßiger Färbungen, soweit diese Gleichmäßigkeit erwünscht, bzw. möglich ist, um zu große Monotonie der künstlichen Haarfärbung zu vermeiden.

Speziell zur Erzielung echter Schwarznuancen von nicht übermäßig langer Applikationsdauer ist diese künstliche Erwärmung absolut geboten und gibt ganz prächtige Resultate. Man kann hierdurch beispielsweise die Henna-Reng-Applikation für Schwarz, die ohne künstliche Erwärmung zirka vier Stunden beträgt, erheblich abkürzen und dieselbe hier durch eine Henna-Rastik-Applikation von etwa 1½ stündiger Dauer ersetzen.

Für blonde Tönungen kommt eine solche künstliche Erwärmung in besonderen Apparaten nicht in Frage, hier genügt Auftragen eines genügend heißen Breis und Einschlagen in wollene Tücher.

Wir kommen hierdurch auf die Rolle der Wärme bei Hennaapplikationen im allgemeinen und besonders auf jene für dunklere Töne durch Henna-Rastiks kurz zu sprechen.

Wichtig sind hierzu besonders konstruierte, dicht schließende Wärmeapparate, die das Haar während der vorgeschriebenen Dauer in einer genügend feuchten Wärmeatmosphäre halten. Beim Entfernen des Wärmeapparates muß das gefärbte Haar ganz durchdämpft sein und Wasserdämpfe von sich geben.

Wie bei der reinen Henna- bzw. Henna-Rengfärbung muß auch das mit Henna-Rastiks gefärbte Haar guten Glanz zeigen, der allerdings in manchen Fällen etwas matter sein wird als in ersterem Fall, zufolge Fixierung von metallischen Niederschlägen.

Auch bei Versuchen mit Strähnen ist feuchte Durchwärmung des Versuchssträhns für dunkle, besonders schwarze Nuancen nötig. Die Variationsfähigkeit der Nuance durch Erwärmung bzw. durch längeren Kontakt erhellt folgendes Beispiel.

Mittelblond

Hennapulver	30 g	Ein gutes Mittelblond erhält man durch Applikation dieser Mischung auf vorgebleichtes Haar bei ½stündigem Kontakt ohne künstliche Erwärmung.
Rhabarberwurzelpulver .	30 ,,	
Eisenpulver	10 ,,	
Borax	2 ,,	
Chlorammonium	2 ,,	

Erwärmt man aber ½ Stunde auf zirka 60°, so erhält man ein schönes Châtain clair, bei ¾stündigem Erwärmen Châtain, nach 1 bis 1¼ Stunde Châtain dunkel.

Nach diesen Vorbemerkungen, die das Wesen der Henna-Rastikapplikation genügend erhellen, gehen wir nunmehr zum

Formularium der Henna-Rastiks

über.

Blonde Tönungen für vorgebleichtes Haar ohne künstliche Erwärmung. Kontaktdauer ½ Stunde.

Blond Moyen
Nr. 2

Hennapulver	40 g
Eisenpulver	40 „
Rhabarberpulver	25 „
Borax	3 „

Blond clair

Hennapulver	20 g
Rhabarberwurzelpulver	40 „
Borax	2 „
Chlorammonium	2 „

Blond doré

Hennapulver	30 g
Rhabarber	50 „
Borax	2 „
Chlorammon	2 „

Blond Cendré

Hennapulver	20 g
Rhabarberpulver	40 „
Eisenpulver	20 „
Borax	2 „
Chlorammonium	2 „

Blond Acajou

Hennapulver	40 g
Pyrogallol	2 „
Ammoniaksoda	2 „

Blond Gaulois

Hennapulver	40 g
Cobaltnitrat	1,5 „
Pyrogallol	1 „
Ammoniaksoda	2 „

Durch Erwärmen auf 60° Châtain clair mit rötlichem Ton

Venezianisches Blond

Hennapulver	50 g
Cobaltnitrat	2 „
Pyrogallol	2 „
Ammoniaksoda	2 „

Durch Erwärmen auf 60° Châtain

Dunkle Tönungen für nicht vorgebleichtes Haar. (Die gleichen Mischungen geben auf vorgebleichtem Haar in den Nuancen Châtain dunkelbraune Töne. Châtain clair ergibt Châtain foncé usw. Auch durch längeren als den vorgeschriebenen Kontakt lassen sich hier dunklere Färbungen erzielen.) Applikationsdauer variabel, mittlere Temperatur im Wärmeapparat 60° C.

1. Châtain clair

Hennapulver	400 g
Eisenpulver	300 „
Cobaltnitrat	20 „
Pyrogallol	10 „

Eine halbe Stunde

2. Châtain

Hennapulver	400 g
Eisenpulver	300 „
Cobaltnitrat	40 „
Pyrogallol	20 „

Dreiviertel Stunden.

3. Acajou

Hennapulver	400	g
Eisenpulver	200	„
Cobaltnitrat	40	„
Pyrogallol	20	„
Borax	20	„
Chlorammon	20	„

Dreiviertel Stunden

4. Brun

Hennapulver	400	g
Eisenpulver	400	„
Cobaltnitrat	25	„
Pyrogallol	30	„
Eisenchlorid	30	„

Dreiviertel Stunden

5. Noir

Hennapulver	400	g
Eisenpulver	400	„
Eisenchlorid	70	„
Nickelnitrat	30	„
Pyrogallol	30	g
Tannin	80	„
Schwefeleisen	30	„

Alle Pulver werden mit heißem Wasser zu einem sämigen Brei angerührt und aufgetragen. Nach dem Auftragen das gefärbte Haar im Wärmeapparat dämpfen.

Außer diesen klassischen Nuancen können noch folgende Spezialtönungen in Frage kommen.

Châtain Roux

Hennapulver	80	g
Eisenpulver	80	„
Schwefel	20	„
Ammoniaksoda	3	„
Cobaltnitrat	3	„
Nickelnitrat	1	„

Dreiviertel Stunden.

Acajou Foncé

Hennapulver	50	g
Cobaltnitrat	5	„
Pyrogallol	2,5	„
Borax	2	„
Eisenpulver	20	„
Chlorammonium	2	„

Dreiviertel bis eine Stunde

Châtain Foncé

Hennapulver	40	g
Eisenpulver	30	„
Cobaltnitrat	5	„
Nickelnitrat	2	„
Pyrogallol	2,5	„
Ammoniaksoda	2	„
Schwefel	8	„

Dreiviertel Stunden

Schwarzbraun (Noir Espagnol)

Hennapulver	40	g
Cobaltnitrat	5	„
Nickelnitrat	1	„
Kupfersulfat	1	„
Pyrogallol	4	„
Eisenpulver	80	„
Kupferpulver	4	„
Schwefel	8	„
Ammoniaksoda	2	„

Eine Stunde

Tiefschwarz (Noir Jais)

Hennapulver	40	g
Eisenpulver	30	„
Pyrogallol	3,5	„
Eisenchlorid	4	„
Blauholzextrakt, trocken	10	g
Kupfersulfat	2	„
Nickelsulfat	2	„

1 bis 1½ Stunden

Im Anhange hierzu folgen noch einige Vorschriften dieser Art aus der Literatur.

Nach Gastou

Hennapulver	60 g
Galläpfel, pulv.	30 „
Ferrosulfat............	30 „

	Châtain	Brun	Brun Foncé	Noir
Hennapulver	100	100	100	100
Pyrogallol	6	6	8	10
Kupfersulfat................	6	7	7	12

Pyrogallolgehalt soll maximal 10% betragen!

Braune Töne (nach Lewis)

Châtain clair

Hennapulver	100 g
Kupfersulfat	6 „
Pyrogallol	5 „
Eisenpulver	10 „
rotes Eisenoxyd (gebrannte Sienaerde) ..	5 „

Châtain

Hennapulver	100 g
Pyrogallol	6 „
Kupfersulfat	7 „
rotes Eisenoxyd	8 „

Châtain Foncé

Hennapulver	100 g
Pyrogallol	7 „
Kupfersulfat	7 „
rotes Eisenoxyd	10 „

Wir beschließen dieses interessante Kapitel mit dem Hinweis, daß Silbersalze zu den Henna-Rastiks nicht verwendet werden können, weil diese eine spinatgrüne Färbung des Haares bewirken würden. Ebenso darf auch Henna nicht auf mit Silberfarben gefärbtes Haar aufgetragen werden.

Haarfarben aus Anilinderivaten

(sogenannte Oxydationsfarben)

Verschiedene organische Aminbasen werden häufig zum Haarfärben verwendet, jedoch ist ihre Verwendung wohl hauptsächlich für den Selbstfärber bestimmt. Für den Friseur, der Anspruch auf künstlerische Vollkommenheit der Tönungen macht, sind sie wohl weniger geeignet, es sei denn für Retuschen, soweit hierdurch nicht zu starkes Nachdunkeln zu befürchten ist. So hat man diese Oxydationsfarben auch zu Korrekturen von Hennaeffekten empfohlen, doch wurde durchwegs zu starkes Nachdunkeln beobachtet. Bei aller Anerkennung der einfachen Anwendungsweise der Anilinderivate besonderer Art (nicht des giftigen Paraphenylendiamins, das nicht zu verwenden ist) und der guten Durchschnittstönungen, sind diese Tönungen zu starr und zu wenig variabel, als daß sie den Ansprüchen des wahren Färbekünstlers genügen könnten. Bei den ebenfalls im Handel existierenden Henna-Anilinkompositionen ist das außerordentlich starke Nachdunkeln der Anfangsnuance wohl eine sehr unangenehme Nebenerscheinung, die ihrer Verwendung hinderlich ist.

Wir erwähnen nachstehend die Anilinhaarfarben nur dokumentarisch, obwohl wir ihren haarfärberischen Wert im allgemeinen Sinne gewiß nicht verkennen wollen.

Paraphenylendiaminhaarfarben

Diese Haarfarben sind besonders gefährlicher Natur und haben schon zu unzähligen schweren Intoxikationen Veranlassung gegeben, weshalb man sie jetzt wohl in allen Kulturstaaten verboten hat.

Zusätze, wie Natriumbikarbonat oder Natriumsulfit, verringern die Gefährlichkeit der Paraapplikation, auch rechtzeitiges reichliches Waschen, das gerade immer bei den bekanntesten Intoxikationsfällen versäumt wurde. Als Beize, respektive Hervorrufer der Nuance dient hier Wasserstoffsuperoxyd. Para darf nur zum Färben toten Haares verwendet werden, wird aber in großen Mengen von skrupellosen Fabrikanten in Ländern vertrieben, in denen eine rigorose gesetzliche Kontrolle nicht existiert.

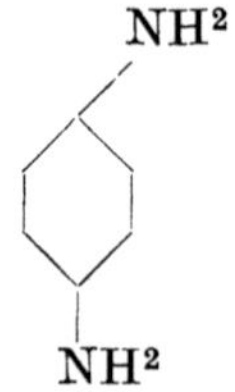

Paraphenylendinamin

Wir erwähnen die Parahaarfarben hier nur rein dokumentarisch, enthalten uns auch, Vorschriften zur Herstellung von solchen Haarfärbemitteln zu geben.

Die Sulfoderivate des Paras und anderer giftiger Anilinfarbstoffe sollen dagegen gänzlich gefahrlos sein, ebenso das sulfurierte Pyrogallol. Als solche kommen in Betracht:

1. Das Sulfopara-phenylendiamin

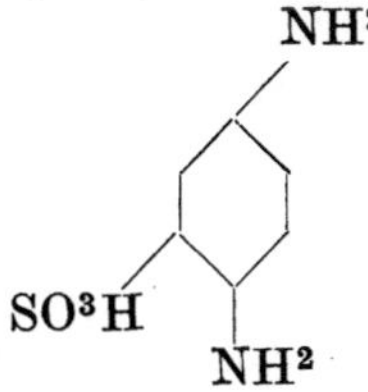

2. Sulfo-o-Amidophenol

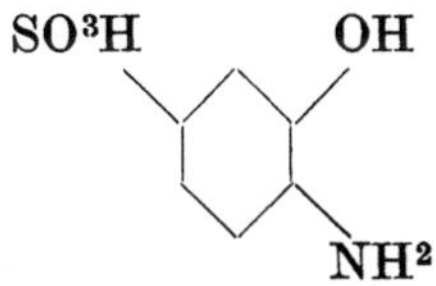

Sulfo-p-Amidodiphenylamin

Diese Farben sind durch D. R. P. Nr. 179881 geschützt und werden unter dem Namen „Eugatol" in den Handel gebracht.

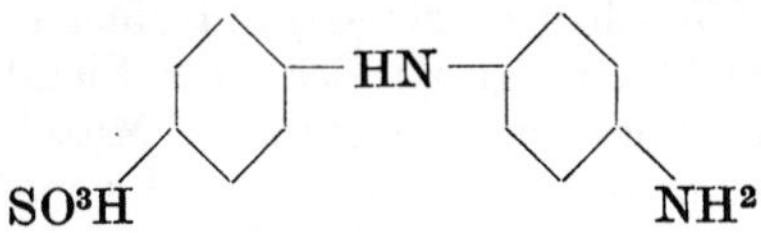

Blond

Sulfo-o-Amidophenol...	4	g
Soda	2	„
Wasser	100	„

Schwarz

Sulfo-p-Amidodiphenylamin	4	g
Soda	2	„
Wasser	100	„

Braun

Sulfo-p-Pehnylendiamin	4	g
Soda	2	„
Wasser	100	„

Vor der Applikation mischt man diese Lösungen mit Wasserstoffsuperoxyd

Unter dem Namen „Aureol" kommt ein Präparat folgender Zusammensetzung in den Handel:

Metol (Sulfomethyl-p-Amido-Metakresol)	1	g
Salzsaures Amidophenol	0,5	„
Amidodiphenylamin....	0,6	„
Natriumsulfit	0,5	„
Alkohol	50	„

Wird vor der Verwendung ebenfalls mit Wasserstoffsuperoxyd gemischt.

Auch die Haarfarbe „Primal" der Agfa, die aus einer Sulfitlösung des Paratoluylendiamins besteht, gehört hierher.

Primal Agfa

Paratoluylendiamin ..	2,5	Teile
Natriumsulfit	5	„

In wässeriger Lösung

Zu erwähnen ist hier eine andere Art organischer Haarfarben, die

Pyrogallolhaarfarben

Das Pyrogallol $C^6H^3(OH)^3$ kann ebenfalls allein oder am besten in Verbindung mit alkalischen Beizen zum Blond- oder Braunfärben der Haare benutzt werden. Besonders Ammoniak beschleunigt die Pyrogallolfärbung. Man hält das Pyrogallol sicher auch für gefährlicher, als es ist. Allgemein ist man der Ansicht, daß Lösungen, die mehr als 10 g Pyrogallol per Liter enthalten, toxisch wirken können. Nun kommt man aber (wie die veröffentlichten Vorschriften zeigen) mit einer solchen schwachen Konzentration nicht einmal als Beize für Blond aus, geschweige denn für dunkle Nuancen, wo man im Mittel 50 g Pyrogallol per Liter Reaktionsflüssigkeit benötigt. Es muß natürlich auch hier jede unnötige Befeuchtung der Kopfhaut vermieden werden, aber selbst in Fällen direkter Resorption kann die Gefahr wohl nicht so groß sein, wenn man bedenkt, daß in gewissen pathologischen Fällen die Verwendung einer 5%igen Pyrogallolsalbe indiziert ist. Auch verwenden doch die Orientalen in Gestalt der „Rastiks" gewohnheitsmäßig nicht unbedeutende Mengen Pyrogallol.

Nr. 1		Nr. 2	
Pyrogallol	30 g	Ammoniak, 25%	100 ccm
Wasser	1 l	Wasser	900 „

Rotblond

Nr. 1		Nr. 2	
Pyrogallol	50 g	Ammoniak, 25%	200 ccm
Wasser	1 l	Wasser	800 „

Auch Mischen der Pyrogallollösung mit Alkalisulfidlösung vor der Applikation oder Vorbeizen der Haare mit Alkalisulfidlösung verstärkt die Pyrogallolfärbung erheblich.

Zu alte Pyrogallollösungen bräunen sich auch in der Flasche, weshalb ein kleiner Zusatz von Natriumsulfit zu empfehlen ist.

Im Nachtrage zur Beschreibung der gebräuchlichsten augenblicklich wirkenden Haarfarben wollen wir eines speziellen Verfahrens gedenken, das, obwohl unseres Wissens niemals in größerem Umfange praktisch geübt, sicher als Idee manches Interessante in sich trägt.

Es ist dies die bereits kurz erwähnte, durch D. R. P. 344529, Dr. Otto Volz in Berlin vom 27. November 1904, auf die Dauer von 15 Jahren geschützte Erfindung der

Herstellung von Haarfärbemitteln in fetter Lösung geeigneter Metallstearate etc.

Dieses von originellen Prinzipien ausgehende Verfahren will vor allem das „Naßfärben" der Haare vermeiden und dem Haar die Farbstoffe in Form fetter Lösungen zuführen, die die betreffenden Metalle bzw. Kohlenwasserstoffe in Form fettlöslicher Verbindungen enthalten, soweit sie nicht direkt als solche in Fett löslich sind. Diese fetten Haarfarben färben das Haar augenblicklich an und lassen sich durch Nachbehandlung mit verdünnten Alkalien (Ammoniak usw.) in der Farbwirkung beschleunigen, wobei ein leichtes Durchbürsten genügt.

Durch diese Nachbehandlung mit Alkali sollen auch die mit den Fettstoffen in das Haar eingedrungenen fettsauren Salze usw. in Metalloxyde verwandelt werden, die Keratinfarblacke bilden. Bei dieser Methode ist Entfettung des Haares selbstverständlich überflüssig und sollen die Nuancen sofort erkennbar sein, was bei der Naßfärbung bekanntlich vor dem Trocknen unmöglich ist, da feuchtes Haar stets dunkler erscheint.

In dem Patentanspruch sind folgende Vorschriften angegeben:

Beispiel 1. Flüssige Form

Cobaltstearat	35	Teile
Nickelstearat	35	„
Benzylbenzoat	500	„

Bis zur Lösung erwärmen und zu folgendem separat erwärmten Gemisch unter Umrühren zusetzen:

Pyrogallol	100	Teile
Essigäther	240	„
Olivenöl	700	„
Vaselinöl	1800	„
Seifenpulver	60	„

Beispiel 2. Crèmeform

1. Colophonium ...	80 Teile	2. Nickelstearat ...	50 Teile
Zeresin	640 „	Cobaltstearat ...	50 „
Vaselinöl	1500 „	Eisenoxydstearat	25 „
Olivenöl	400 „	Stearin	25 „
Seifenpulver	120 „	Benzylbenzoat ..	360 „
		Terpineol	60 „

3. Pyrogallol	150 Teile
Vaselinöl	150 „
Diamidophenol-stearat (benzoat)	45 „
Monomethylpara-amidobenzoe-stearat (benzoat)	60 „
Glycerin 30 Bé	100 „
Alkohol 96% ..	200 „
Essigäther	500 „

Man erwärmt 1, 2 und 3 für sich und fügt dann 2 und 3 hintereinander zu dem erwärmten Gemisch 1.

Progressive Haarfarben

Dieselben sind, wie bereits kurz erwähnt, für den Applikationsfachmann ohne Interesse. Sie seien jedoch hier der Vollständigkeit halber mit angeführt.

Die progressiven Haarfarben bestehen immer aus einer Flüssigkeit. Diese besteht meist aus einer Metallsalzlösung, der entweder Schwefelblume oder Natriumthiosulfat zugesetzt wurde und bildet sich der Färbeniederschlag hier nur ganz allmählich durch Oxydation an der Luft.

Auch die Haarfarben, bei denen durch Zusatz eines Reduktionsmittel die spontane Niederschlagsbildung verzögert wird und die in einer Flasche in den Handel kommen können, in gewissem Sinne als progressive Haarfarben aufgefaßt werden, nur ist dort der eintretende Effekt viel kräftiger und macht nicht mehrmaliges Auftragen hintereinander nötig, um die vorgesehene Nuance zu erzielen. Anderseits lassen sich auch diese progressiv-spontan wirkenden Farben als progressive verwenden, wenn man z. B. allmählich ein dunkles Braun durch mehrmaliges Auftragen einer hellbraunen Nuance usw. erhalten will.

Die bereits beschriebenen progressiv-spontanen Haarfarben mit Reduktionsmittel sind aber, im Gegensatz zu den rein progressiven Farben, von großem Werte für den Applikateur, weil sie, entsprechend dosiert, wirklich kräftige Färbungen in einer Applikation liefern können, ohne wiederholtes Auftragen, was eben bei den rein progressiven Haarfarben nicht zu erreichen ist.

Nachstehend einige Vorschriften für progressive Haarfarben.

Neutrales Wismutnitrat	30 g
Glycerin	100 „
Wasser	600 „
Schwefel	4 „

Zuerst das Wismutsalz mit Glycerin verreiben und dann vorsichtig und allmählich das Wasser zusetzen. Zum Schlusse den Schwefel zusetzen und Schütteln.

Vor jedesmaligem Gebrauch durchzuschütteln.

Neutrales Wismutnitrat	20 g
Natriumthiosulfat	50 „
Glycerin	30 „
Glycerinwasser	400 „

———

Pyrogallol	12 g
Citronensäure	1 „
Glycerin	30 „
Wasser	200 „
Alkohol	80 „

Anilintinten

Beim sogenannten Deckverfahren (s. S. 128) werden Lösungen von geeigneten Anilinfarben verwendet, um gewisse Mißfärbungen in stark beschädigtem Haar, das keine chemische Färbung mehr verträgt, zu verdecken. Solche Färbungen können in gewissem Grade natürliche Färbungen vortäuschen, sind aber natürlich nicht echt. Erst wenn sich das Haar genügend erholt hat, kann dann diese Notfärbung durch eine echte chemische Färbung ersetzt werden.

Man kann so braune Töne durch Mischen von Methylviolett-, Nigrosin(schwarz)- und Malachitgrünlösung erzielen.

Man stellt sich etwa 12- bis 15%ige alkoholische Lösungen dieser Anilinfarben her, die dann mit einem Schwamm auf das kranke Haar aufgetragen werden.

Auch zur Verschönerung der Farbtöne in der chemischen Haarfärberei werden spritlösliche, wasserunlösliche Anilinfarbstoffe der verschiedensten Art verwendet. Besonders zur Erzielung gewisser Bronzetöne sind solche Anilinfarben unentbehrlich, weshalb man deren Verwendung unter dem Namen „Bronzefärberei“ zusammenfaßt.

Entfernung von Farbflecken

Zur Entfernung metallischer Flecken von der Haut (Silbernitrat usw.) verwendet man eine der folgende Lösungen:

1. Natriumthiosulfat 1 0,3 1,5
Wasser 49 20 15

2. Jodkali 48 10
Wasser 48 20

3. Oxalsaures Kalium (Kleesalz) .... 20 g
Wasser .... 400 „

4. metall. Jod .... 10 g
Natriumthiosulfat ... 10 „
Wasser .... 10 „
Lösen und zusetzen
Salmiakgeist 10% ... 15 g
Alkohol, 96% ...... 75 „

5. Gesättigte Kochsalzlösung mit einigen Tropfen Salpetersäure.

Permanganatflecke werden durch Thiosulfatlösung und Lösungen von Natriumsulfit, ebenso Oxalsäure und Wasserstoffsuperoxyd sehr leicht entfernt.

Die Verwendung von Cyankalium zur Fleckentfernung ist natürlich durchaus unstatthaft und muß man sich mit Recht wundern, daß z. B. Autoren von Friseurhandbüchern es wagen, dem Friseur Cyankalilösung zur Fleckentfernung anzuempfehlen.

Chemische Hilfsmittel zum Haarfärben

Entfettende, reinigende Mittel

Wie bereits erwähnt, ist die zweckmäßig durchgeführte Reinigung der Haare durch vorheriges Waschen und eventuelle Behandlung mit fettentziehenden Mitteln unerläßlich für das Gelingen der Färbung. Die Reinigung der Haare besteht einmal in der restlosen Entfernung von Schmutz und Staub, dann aber auch in der Beseitigung überschüssigen Fettes, das die Lackbildung außerordentlich erschwert, ja illusorisch macht und außerdem in gewissen Fällen Anlaß zu häßlichen Verfärbungen geben kann. (Grüne Reflexe durch fettsaures Metallsalz u. dgl.)

Unter Entfettung der Haare ist hier also nur das Entfernen eines der Färbung schädlichen Überschusses an Fett zu verstehen und muß vorausgeschickt werden, daß die Entfettung nicht so weitgehend sein darf, um das Haar durch brüske Entziehung von Nährstoffen zu schädigen und so stumpf und brüchig zu machen. Das ist unter allen Umständen zu vermeiden. In normalen Fällen wird also das idealste reinigende Agens, eine gute, neutrale Seife, die in wäßriger Lösung als mild alkalisches fettemulgierendes Mittel wirkt, die Haare hinreichend entfetten, um eine gute Färbung zu ermöglichen. Bei übermäßig fettem Haar können milde Alkalien, wie Borax (besonders harmlos), Soda, Pottasche und entsprechend verdünnter Ammoniak zum Entfetten verwendet werden. Ammoniak betreffend sei hier gleich eingeschaltet, daß zu konzentrierte Ammoniaklösungen das Haar empfindlich schädigen, es also bei Ammoniakentfettung ganz besonders ratsam ist, möglichst bald und reichlich mit Wasser nachzuspülen und die zum Schluß allgemein zu empfehlende Säurespülung nicht zu unterlassen. (Es versteht sich also von selbst, daß auch Haarfärbemittel nicht zu stark ammoniakalisch sein dürfen, um Schädigungen des Haares zu vermeiden, ein Umstand, der leider immer noch zu wenig Beachtung findet.)

Es sollen also in normalen Fällen Alkalien überhaupt nur, wenn Fett im Übermaß vorhanden ist, zur Anwendung kommen und dies stets nur in milder Form unter Vermeidung jedes zu ausgedehnten Kontaktes des Alkalis mit dem Haar. Es soll auch möglichst rasch mit warmem Wasser nachgespült werden und nach jeder Haarwaschung eine leichte Säurespülung folgen. Beim Vorwaschen ist aber auch aus technischen Gründen die Säure (Essigsäure, Citronensäure usw.) durch Wasserspülung aus dem Haar zu entfernen, so daß das zu färbende Haar weder Alkali noch Säuren enthält, denn beide können das Resultat der Färbung in unerwünschter Weise beeinflussen, was ganz besonders für das Alkali zutrifft.

Alkohol ist ein relativ mildes Entfettungsmittel und kann ohne Bedenken mitverwendet werden. Nicht so ist es mit den brutal entfettenden Mitteln, wie Schwefeläther, Benzin und Tetrachlorkohlenstoff, deren Verwendung in manchen Fällen angezeigt sein kann, aber stets mit größter Vorsicht zu erfolgen hat, um jede Schwächung des Haares zu vermeiden. Dies ganz abgesehen von der Gefahr, die infolge der leichten Entzündlichkeit des Schwefeläthers und des Benzins immer besteht. In manchen Fällen leistet hier auch eine oberflächliche Vorbehandlung der Kopfhaut mit Wasserstoffsuperoxyd in verdünnter, leicht ammoniakalischer Lösung gute Dienste. Wasserstoffsuperoxyd reinigt den Haarboden und entfernt leicht dort festsitzende Fett- und Schmutzteilchen, es ist jedoch erforderlich, daß diese ausnahmsweise Vorbehandlung zu Reinigungszwecken einen Kontakt von zirka 8 bis 10 Minuten nicht überschreite und daß dann sofort gut mit Wasser nachgespült und ausgesäuert wird.

Auswaschen mit Seife ist hier vielleicht besser zu vermeiden (vgl. weiter unten).

Diese Vorbehandlung mit Wasserstoffsuperoxyd wird besonders vor der Färbung des Nachwuchses häufig nötig, um denselben die allzu reichlichen Fettmengen zu entziehen und auch das nachwachsende Haar aufnahmefähiger für die Haarfarbe zu machen.

Daß hierbei ein Benetzen der bereits gefärbten langen Haare nach Möglichkeit zu vermeiden ist, versteht sich von selbst, denn das Wasserstoffsuperoxyd würde die bereits fixierte Nuance in unerwünschter Weise beeinflussen.

Alkalien erweichen die Keratinschicht und machen sie aufnahmefähiger für den Farbstoff, aber bewirken auch Stumpfheit des Haares, was niemals vergessen werden soll und daher Alkalien niemals in allzureichlicher Menge, zu konzentrierter Form oder zu lange Zeit und allzu häufig angewendet werden sollen.

Milde, genügend verdünnte Säuren regenerieren das Haar und machen es glänzend und geschmeidig.

Bleichende Mittel

Abgesehen von der Blondierung des Haares durch Wasserstoffsuperoxyd, die im III. Teil eingehend besprochen werden soll, interessiert uns diese haarbleichende Operation hier nur als Vorbehandlung des Haares vor der Färbung, abgesehen von der Verwendung des Wasserstoffsuperoxyds als Reinigungs- bzw. Entfettungsmittel, die vorstehend erwähnt wurde.

Diese Vorbleichung wird nötig bei Applikation heller Tönungen auf zu stark graumeliertes Haar, um einen reinen Untergrund für die Färbung zu schaffen. Hierbei wird immer vorausgesetzt, abgesehen von einigen Spezialfällen, die sich niemals auf die nachträgliche Verwendung metallsalzhaltiger Haarfarben beziehen können, daß nach Erzielung des gewünschten Grades der Vorbleiche gründlich ausgewaschen wird, eine direkte Mitwirkung von Wasserstoffsuperoxyd bei der Haarfarbeapplikation im Sinne unserer Ausführungen auf S. 74 ausgeschlossen ist. Nachbehandlungen gefärbter Haare mit Wasserstoffsuperoxyd, soweit diese zulässig sind (unzulässig bei Metallfarben inklusive der Hennarastiks) sind natürlich nicht als Bleichung, sondern als farbentwickelnde, verstärkende Operation aufzufassen, insoweit der Charakter der Haarfarbe dies zuläßt. In manchen Fällen wirkt das Wasserstoffsuperoxyd aber auch als Reduktionsmittel, das die künstliche Färbung des Haares abschwächt bzw. zerstört (Abzugsmittel). Dies sei hier nur in Parenthese bemerkt.

Als Bleichmittel für das Haar kommt praktisch wohl einzig und allein das Wasserstoffsuperoxyd in Frage, bzw. die aktiven Sauerstoff abgebenden Salze (Perborate, Persulfate, Peroxyde usw.), die analog wirken. Über die ebenfalls zum Haarbleichen empfohlene Behandlung der Haare durch Befeuchten mit übermangansaurem Kali und nachfolgendes Auftragen von Natriumthiosulfatlösung bzw. Natriumsulfit oder Bisulfitlösung sind die Ansichten geteilt. Viele Autoren bestreiten die Bleichwirkung dieser Behandlungsmethode, andere behaupten, daß man hierdurch die Haare völlig weiß bleichen könne, was durch Wasserstoffsuperoxyd bekanntlich überhaupt nicht zu erreichen ist. Manche Autoren gehen in der Ablehnung des Permanganat-Bleichverfahrens sogar so weit, daß sie behaupten, öftere Anwendung habe völligen Haarverlust zur Folge. Wie dem auch sei, kann festgestellt werden, daß auch das Wasserstoffsuperoxyd, bei allzu häufiger und vor allem unzweckmäßiger, als direkt leichtfertig zu bezeichnender Verwendung die Haare außerordentlich schädigt und sie mißfarbig und spröde macht. Seine Verwendung erfordert also größte Vorsicht und Erfahrung und können wir nicht oft genug betonen, daß der Applikateur dieser Tatsache seine größte Aufmerksamkeit zuwenden muß, um sich die Vorzüge des Wasserstoffsuperoxyds nutzbar zu machen, die, vorsichtige Verwendung immer vorausgesetzt, bei weitem seine Nachteile überwiegen.

Schädlichkeit des Wasserstoffsuperoxyds

Dasselbe kommt stets in Form säurehaltiger Lösungen in den Handel. Das gewöhnliche Wasserstoffsuperoxyd des Handels enthält zirka 3 Gewichtsprozente aktiven Sauerstoff als wirkenden Bestandteil. Das Merksche Perhydrol ist ein konzentriertes, zirka 30 Gewichtsprozente enthaltendes Wasserstoffsuperoxyd, das natürlich nur in stark verdünnter Form zur Anwendung kommen kann, wie denn auch das gewöhnliche Wasserstoffsuperoxyd meist entsprechend verdünnt zur Anwendung kommt.

Der Säurezusatz bei der Handelsware hat den Zweck, die Haltbarkeit dieses Produktes zu erhöhen, denn Wasserstoffsuperoxyd spaltet seinen aktiven Sauerstoff leicht in Berührung mit Alkalien ab und genügt der Alkaligehalt der Glasbehälter, um aus nicht entsprechend durch Säure konserviertem Produkt Abspaltung von Sauerstoff zu bewirken. Aus diesem Grunde kommt auch das Perhydrol in innen paraffinierten Flaschen in den Handel.

Praktisch zersetzt sich auch das Wasserstoffsuperoxyd in Berührung mit organischer Substanz (Kopfhaut, Schleimhäute usw.), Haaren und Metallsalzen usw. unter Abspaltung von Sauerstoff, worin seine Wirkung begründet ist, jedoch begünstigt ein Zusatz von Alkali, besonders Ammoniak, diese Sauerstoffwirkung ganz besonders. Wir verwenden daher das Wasserstoffsuperoxyd, um seine Wirkung zu beschleunigen und zu intensivieren, nur in

Form ammoniakalischer Lösung, wobei gleich zu bemerken ist, daß der Ammoniakgehalt nicht zu hoch sein darf, um die Bildung haarzerstörender Salze nach Möglichkeit zu vermeiden.

Wenn wir also ein mit Schwefelsäure konserviertes Wasserstoffsuperoxyd mit Ammoniak versetzt auf die Haare bringen, so bildet sich schwefelsaures Ammonium, das, bei allzu langem Kontakt die Haare schwer schädigen kann, namentlich wenn die Wasserstoffsuperoxydlösung auf dem Haar gar eintrocknet. Daß aber praktisch die Schädigung des Haares durch solche Salze allein nicht in Frage kommt, sondern auch ein gutes Teil dem Ammoniakmißbrauch bzw. zu heftiger Einwirkung des Sauerstoffes mitzuzuschreiben ist, versteht sich wohl von selbst. Tatsache ist lediglich die immer mögliche Schädigung des Haares durch zu lang andauernde oder zu häufige Behandlung mit Wasserstoffsuperoxydlösung, weshalb Schädigungen dieser Art nur durch möglichst kurzen Kontakt der ammoniakalischen Wasserstoffsuperoxydlösung mit dem Haar vermieden werden können, wenn jede unerwünschte Nachwirkung durch zeitiches Auswaschen und stets anzuwendender nachträglicher Säurespülung verhindert wird.

Ein ganz sträflicher Leichtsinn ist es aber, wie bereits öfters erwähnt, Wasserstoffsuperoxyd, sei es als Entwickler zum Nachdunkeln (Fixieren) der Nuance, sei es als Reduktionsmittel (Abzugsmittel) beim Entfernen alter Färbungen, zum Nachbehandeln gefärbten Haares anzuwenden, wenn dasselbe mit Metallfarben, insbesonders Eisenfarben, gefärbt wurde. In solchen Fällen kann durch heftige katalytische Wirkung der Metallsalze und die damit verbundene Wärmeentwicklung das Haar anfangen zu rauchen und völlig zu verbrennen. Auch durch direkte Applikation solcher Metallfarben auf mit Wasserstoffsuperoxyd getränktes Haar können analoge Schädigungen des Haares bewirkt werden, ebenso natürlich, wenn man z. B. dem Breiumschlag von Hennarastiks Wasserstoffsuperoxyd zufügen würde. Bei Naturhenna-Reng-Applikationen wird ein solcher Zusatz öfters empfohlen zur Beschleunigung der Farbwirkung und kann auch hier, bei Abwesenheit von Metallsalzen geübt werden, obwohl die Beschleunigung der Färbung, unserer Ansicht nach, vielleicht doch besser auf andere Weise bewirkt werden könnte.

Speziell bei Vorbleichen mit Wasserstoffsuperoxyd empfiehlt sich unmittelbares Nachspülen mit säurehaltigem Wasser. Keinesfalls sollte direkt nachher eine Seifenwaschung vorgenommen werden, weil Seife die schädigende Wirkung der Ammonsalze nur unterstützen würde. (Bei sofortiger Wasserspülung und bei

Verwendung reichlicher Wassermengen bei eventuell direktem Nachwaschen mit Seife kann eine nennenswerte Schädigung des Haares durch Begünstigung der Ammonsalzwirkung durch Seife indes wohl praktisch nicht in Frage kommen, es kann also unter Umständen auch direkte Seifenwaschung geduldet werden.)

Sehr interessant ist auch die bleichende Wirkung gewisser terpenreicher ätherischer Öle, wie des Citronenöls, des Mandarinenöls u. a. Auch die bleichende Wirkung des Kamillen-Citratöles dürfte in erster Linie dem darin enthaltenen Citronenöl zuzuschreiben sein. Auch Terpentinöl besitzt stark haarbleichende Wirkung, was besonders für altes, verharztes (ozonreiches) Terpentinöl zutrifft. Bekannt sind die entfärbten Stellen im Haare von Anstreichern, die das Haar mit terpentinölgetränkten Händen berührt haben.

Bei Citronenöl dürften vor allem die Terpene stark bleichende Wirkung ausüben, wohl auch beim Terpentinöl, soweit hier nicht das Ozon Sauerstoffbleiche auslöst.

Diese Tatsachen sind vorläufig nur von theoretischem Interesse, dürften aber vielleicht einmal ganz neue Wege in der Bleichung des Haares weisen können.

Von der Bleichwirkung z. B. des Citronenöls kann man sich leicht Rechenschaft geben, wenn man die Korkstopfen der dieses Öl enthaltenden Flaschen betrachtet, wobei man finden wird, daß die Korke stark gebleicht sind. (Dies trifft in noch stärkerem Maße für die aus Citronenöl isolierten Terpene zu.)

Farbenverstärkende Mittel

Beschleunigende Mittel (Accélérateurs). Nachdunkelnde, eventuell ausgleichende (harmonisierende) Mittel. Fixierende Mittel (Fixateurs)

Alle diese Funktionen können von den gleichen Mitteln ausgeübt werden und lassen sich diese einzeln nicht scharf abgegrenzten Funktionen in dem Sammelbegriffsnamen

Korrektur-Mittel

zusammenfassen. Die abschwächenden und verschönernden (auffrischenden, avivierenden) Mittel gehören streng genommen, ebenfalls hierher, jedoch sind ihre Funktionen genauer abgegrenzt, weshalb wir diese später gesondert besprechen werden.

Um zu helle Nuancen dunkler zu machen, kommen Oxydationsmittel, wie Kaliumpermanganat und Wasserstoffsuperoxyd, in Frage, die, besonders bei Hennafärbungen, gute Resultate ergeben.

Dann Pyrogallol als gefärbte Pyrogallate bildendes Mittel, ferner Tannin in analogem Sinn. Auch Eisensalz (Ferrosulfat) usw. dient zum Nachdunkeln, wie auch zur Beseitigung fuchsiger Reflexe. Ebenso wirken Alkalien (Soda, Ammoniak usw.) nachdunkelnd, auch in manchen Fällen, wie bereits erwähnt, Wasserstoffsuperoxyd, soweit es zulässig ist und nicht als Reduktionsmittel wirkt, also die Färbung abschwächt.

Ganz vorzüglich eignet sich oft auch eine Lösung von Blauholzextrakt, um die Färbung nachzudunkeln.

Alle diese nachdunkelnden, farbverstärkenden Mittel sind auch als beschleunigende Mittel (Accélérateurs) zu verwenden, weil sie auch die Bildung entsprechend kräftiger Töne beschleunigen. Es ist bei Anwendung dieser Accélérateurs also immer daran zu denken, daß stets Nachdunkeln eintritt, also unvorsichtige Verwendung hier einen fast nicht mehr gutzumachenden Fehler verursacht, der doch gerade durch sorgfältige Beobachtung des Prozentgehaltes an weißem Haar und Auswahl einer entsprechenden helleren Nuance vermieden werden soll.

Beschleunigen heißt also praktisch stets Nachdunkeln, nicht etwa ein bloßes Fixieren einer Tönung.

Wir müssen hier praktisch zwischen dieser generellen Beschleunigungs-Nachdunklungsreaktion und dem einfachen stellenweisen Nachdunkeln gewisser häßlicher Reflexe unterscheiden (Fixateurverwendung). Letztere Operation beschleunigt nicht in dem Sinne generellen Nachdunkelns, sondern werden Zusätze, wie Tannin, Ferrosulfat und Blauholzextrakt (nicht die Alkalisulfide) die Tönung in ganz bestimmter Richtung harmonisieren helfen.

Soweit solche Mittel mit dazu beitragen, häßliche Reflexe zu entfernen, sind sie als

harmonisierende (ausgleichende) Mittel

sehr wertvoll.

Als ausgleichende Mittel zur Beseitigung häßlicher Reflexe können außer den nachdunkelnden Mitteln im allgemeinen, insbesonders Ferrosulfat und Campècheextrakt (Blauholzextrakt) besonders in Frage kommen. Hier kommen auch noch die klassischen sogenannten Fixateurs hinzu, die aus Lösungen von Alkalisulfiden und Natriumthiosulfat bestehen. Diese schwefelhaltigen Verbindungen dienen vor allem zur Beseitigung häßlicher fuchsiger oder grüner Reflexe, wie solche bei Silberfärbungen ganz besonders, in schwächerem Maße auch bei Cobaltfärbungen usw., zu beobachten sind.

Eine eigentlich fixierende Wirkung kommt diesen Mitteln also weniger zu, vielmehr eine harmonisierende im allgemeinen Sinne und auch eine nachdunkelnde. Direkt haltbarer machen auch diese Fixateurs die Farbe nicht, es sei denn, daß sie die Lackbildung durch Überführung überschüssigen, weniger gut haftenden Metalls in Sulfid begünstigen. In analoger Weise können aber viele der nachdunkelnden Mittel auch als Fixateurs aufgefaßt werden. Wie aus dem Vorhergesagten ersichtlich, ergänzen sich alle diese Korrekturmittel gegenseitig, indem sie fehlerhafte Färbungen harmonischer, genügend kräftig und beständig zu machen helfen. In diesem Sinne kommt allen diesen Chemikalien die größte Beachtung zu. Natürlich ist mit obiger Aufzählung einzelner Möglichkeiten gebräuchlichster Art die Korrekturmöglichkeit auch nicht annähernd erschöpfend behandelt, da es dem chemisch gebildeten Fachmann möglich ist, durch chemisch-wissenschaftliche Überlegung zahlreiche andere Reagentien, eventuell auch kombinierte Haarfarben zu Korrekturzwecken verschiedenster Art mitheranzuziehen, wobei natürlich, wie wir eingangs erwähnt haben, die genaue Kenntnis der Zusammensetzung der angewendeten Haarfarbe ungemein förderlich ist und viel unnötiges und oft schädliches Herumprobieren erspart, dies zum Vorteil des Praktikers und nicht weniger der Haare. Erwähnt seien hier auch die Haarfarben aus Anilinderivaten (Oxydationsfarben), die ebenfalls zum Nachdunkeln usw. mit herangezogen werden können. Allerdings lassen Erfahrungswerte darauf schließen, daß das Nachdunkeln mit diesen Anilinhaarfarben häufig zu stark wird und sich nicht mehr abschwächen, bzw. nicht aufhalten läßt, was aber bei anderen Verstärkungsmitteln fast stets möglich ist.

Jedenfalls liegt aber in der sachkundigen, sicheren Behebung solcher stets und alltäglich zu beobachtenden, von vornherein gar nicht zu vermeidenden Mängel ein außerordentlich wichtiges Moment der praktischen Haarfärbung, so daß also ein eingehendes Studium und genaue Kenntnis der chemischen Reaktionen das Endresultat der Färbung sehr erheblich unterstützen müssen, weil hier nur chemische Schulung das Übel beim ersten Griff an der Wurzel zu packen gestattet. Die Wichtigkeit sachgemäßer Korrekturen erhellt aber auch die große Wichtigkeit der genauen Kenntnis der angewendeten Haarfarbe und damit auch den großen Wert der Selbstherstellung geeigneter Haarfärbemittel in eigener Regie des Applikateurs, die wir hier propagieren.

Verschönernde (Avivierende) Mittel

Alle vorstehenden Korrekturmittel können in gewissem Sinne auch als verschönernde Mittel aufgefaßt werden, weil sie Schönheitsfehler der Nuance beseitigen und dieselbe harmonischer, also schöner hervortreten lassen.

Im engeren Sinne werden hier aber solche Mittel verstanden, die die Haarfarbe selbst nicht beeinflussen, aber dem Haare schönen Glanz und Weichheit verleihen, wodurch natürlich auch die Wirkung der künstlichen Haarfarbe bedeutend gehoben wird.

In erster Linie kommen hier die schwachen Säuren, wie Essigsäure (Speiseessig), Citronensäure (Citronensaft), Weinsäure u. a., in Frage. In gewissem Sinne kann auch milde Seife und verdünnte Alkalien, ganz besonders Borax zum Lebhaftermachen der Haarfarbe beitragen, auch Friktion mit Alkohol (Haarwässer), dies besonders bei Henna-Applikationen. Auch schwache Formalinlösungen (2 Teelöffel Formalin für 2 Liter Wasser) können ganz erheblich zum Beleben des gefärbten Haares beitragen.

In manchen Fällen muß man den verlorenen Glanz des gefärbten Haares künstlich vortäuschen durch Einfetten mit Brillantine u. dgl. Bei dem nötigen Geschick lassen sich auch durch Verwendung von spritlöslichen, wasserunlöslichen Anilinfarben reizvolle Effekte bei Bronzetönungen (sogenannte Bronzefärberei) erzielen. Beispielsweise kann durch eine Spur grünen Anilinfarbstoffes der Farbeffekt bei Bronzetönungen ganz erheblich gehoben werden.

Konservierende Mittel

Die Säuren konservieren das Haar und regenerieren auch verdorbenes, zu weiches Haar durch allmähliche Härtung der erschlafften Keratinschicht. Zu diesem Zwecke empfiehlt sich auch das Heranziehen typisch verhärtend wirkender Mittel, z. B. des Formalins (Formols). Formalin ist eine 30%ige Lösung von Formaldehyd (Ameisenaldehyd) in Wasser. Natürlich kann Formalin nur in sehr verdünnter Lösung (etwa 2 bis 3 Teelöffel für 2 Liter Wasser) angewendet werden und ist hierbei darauf Rücksicht zu nehmen, daß Formalin die Schleimhäute stark reizt (Schutz der Augen, Mund- und Nasenschleimhäute).

Reduktionsmittel (abschwächende oder Abzugsmittel)

Bei oberflächlicher Verwendung solcher Mittel läßt sich eine abschwächende Wirkung auf die künstliche Färbung feststellen und in gewissen Fällen auch als Korrektur praktisch verwerten.

Energischere Intervention der reduzierenden Agentien bezweckt das mehr oder minder gänzliche Entfernen alter Haarfarben und wird als „Abziehen“ der Farbe bezeichnet.

Solche Reduktionsmittel sind Natriumsulfit, Natriumbisulfit, unterschwefligsaures Natron (Natriumthiosulfat), besonders in saurer Lösung, Wasserstoffsuperoxyd (soweit zulässig), Oxalsäure, Jodkali u. a.

Auch verdünnte Mineralsäuren (Salzsäure, Schwefelsäure, Salpetersäure) kommen als Abzugsmittel in Betracht (z. B. durch Lösen säurelöslicher Farbniederschläge). Die oft zum Abziehen empfohlene teilweise Verwendung von Alkalien ist nicht nur zwecklos, sondern wirkt gerade gegenteilig durch Intensivierung der Farbe.

Auch gesättigte Kochsalzlösung, die mit etwas Salpetersäure angesäuert wurde, kann hier gute Dienste leisten.

Wasserstoffsuperoxyd kann hier nur mit der üblichen Vorsicht verwendet werden, keinesfalls ist dessen Verwendung aber zum Abziehen von Metallfarben statthaft und strengstens zu vermeiden, aus den bereits früher wiederholt angeführten Gründen.

Natriumthiosulfat wirkt hier in saurer Lösung durch Entwicklung schwefliger Säure:

$$Na^2S^2O^3 + 2\,HCl = 2\,NaCl + H^2O + S + SO^2$$

In neutraler Lösung kann Natriumthiosulfat hier nur als Lösungsmittel, z. B. für Silberjodür, das beim Behandeln von Silbersalz mit Jodkali entsteht (vgl. unten) benutzt, werden.

Auch Formaldehyd (Formalin) kann hier als Reduktionsmittel nützlich werden.

Praktisch äußert sich das Abziehen schon gefärbten Haares lediglich in dem Lockern des Keratinlacks, beabsichtigt also nur den Farbstoff so zu lockern, daß er heruntergewaschen werden kann. Es kommt also niemals zu einer vollständigen Reduktion des Metallsalzlacks zu Metall.[1] Die nur partielle Reduktion sauerstoffreicherer Verbindungen (Oxyde) zu sauerstoffärmeren (Oxydule) ist vielmehr wohl der Hauptzweck dieser Reduktion, was sich theoretisch so erklären läßt, daß ja erfahrungsgemäß bei der Metallsalz-Keratinlackbildung zur Entwicklung und Fixierung der Nuance Oxydationsvorgänge eine entscheidende Rolle spielen, wir

[1] Von Metallen in völlig reduziertem Zustand würde nur Silber fest auf dem Haare haften, könnte also praktisch auch durch völlige Reduktion nicht entfernt werden. Andere Metalle (Kupfer usw.) haften nicht auf dem Haar, doch kommt, wie erwähnt, völlige Reduktion zu Metall überhaupt nicht in Frage.

also annehmen dürfen, daß die mit dem Keratin zu Lacken vereinigten Metallverbindungen Vertreter der höchsten Oxydationsstufe des betreffenden Metalles sind, die eben nur dank einer Sauerstoffanreicherung fixe Lacke bilden können. Im Verfolge dieser Theorie erscheint die Überlegung gerechtfertigt, durch Einwirkung geeigneter Reduktionsmittel diesen fixen Lack dadurch zu zerstören, daß man die betreffendende Metallverbindung in die niedrigere Oxydationsstufe überführt, die einen fixen Lack nicht zu bilden imstande ist und sich in diesem Zustande von der Keratinhülle des Haares trennt und leicht heruntergewaschen werden kann.

In diesem Sinne dürfen wir uns z. B. die Wirkung des Jod kalis vorstellen, das beim Abziehen in den meisten Fällen tatsächlich die besten Resultate gibt.

Jodkali reduziert unter Abspaltung freien Jods nach folgenden Gleichungen, z. B.:

$$Fe^2Cl^6 + 2\,KJ = 2\,FeCl^2 + 2\,KCl + J^2$$

oder

$$2\,CuSO^4 + 4\,KJ = 2\,J + 2\,CuJ + 2\,K^2SO^4$$

Im ersten Falle werden Eisenoxydsalze zu Eisenoxydulsalzen, im zweiten Kupferoxydsalz zu Kupferoxydulsalz reduziert.

Wirkt gleichzeitig mit Jodkali ein Eisenoxydulsalz auf Kupferoxydverbindungen, dann tritt Reduktion zu Jodür ein ohne Jodabscheidung.

$$2\,CuSO^4 + 2\,FeSO^4 + 2\,KJ = 2\,CuJ + Fe^2\,(SO^4)^3 + K^2SO^4$$

Auf Silbersalz wirkt Jodkali unter Bildung von Silberjodür, das in Natriumthiosulfat löslich ist.

$$AgNO^3 + KJ = AgJ + KNO^3$$

Aus diesem Grunde kombiniert man die betreffende Abziehmethode unter gleichzeitiger Verwendung von Jodkali und Natriumthiosulfat.

Die Wirkung des Kleesalzes (saures Kaliumoxalat) z. B. auf Eisenverbindungen geschieht durch Vereinigung des Oxalats mit dem Eisenoxydsalz zu Eisenoxyd-Kaliumoxalat, einem wasserlöslichen Doppelsalz.

Die Wirkung der z. B. in saurer Lösung von Natriumthiosulfat als Reduktionsmittel wirksamen schwefligen Säure erhellt sich aus folgender Gleichung:

$$2\,CuO + SO^2 + H^2O = Cu^2O + H^2SO^4$$

und analog schwefligsaures Natron:[1]

$$Na^2SO^3 + 2\,CuO = Na^2SO^4 + Cu^2O$$

In beiden Fällen wird das Kupferoxydsalz zu Oxydul reduziert.

In manchen Fällen dürfen wir uns auch bei energischerer Behandlung des gefärbten Haares mit heißer Seifenlösung abziehende Wirkung durch Bildung von Metalloleaten versprechen, die dann ziemlich leicht mit einem Gemisch von Alkohol und Aceton heruntergewaschen werden können.

Säuren als Abzugsmittel (natürlich nur in sehr verdünnter Form anwendbar, mit Ausnahme der anodinen Säuren, wie Citronen- oder Weinsäure), die in stärkerer Konzentration verwendet werden, aber zum Abziehen nur selten in Frage kommen, können nur auf in verdünnten Säuren lösliche Metallverbindungen (Sulfide des Eisens, Mangans usw.) lösend wirken, ebenso auf Blauholz-Eisenlacke, soweit letztere nicht durch genügendes Erwärmen fixiert wurden. Solche Farben werden auch schon durch den sauren Kopfschweiß rasch zerstört.

Wasserstoffsuperoxyd kann chemisch sowohl — wie meist — als Oxydationsmittel, aber auch als Reduktionsmittel wirken. Wir dürfen uns seine abziehende Wirkung entweder als eine rein chemisch reduzierende vorstellen, oder aber — hier nur rein hypothetisch gesprochen — seiner Oxydationswirkung in manchen Fällen farblacklockernde Wirkung zusprechen.

So könnte Farblacklockerung durch Oxydation theoretisch z. B. durch Oxydation des unlöslichen Kupfersulfids zu löslichem Kupfersulfat

$$CuS + O^4 = CuSO^4$$

angenommen werden.

Diese primitivsten chemischen Prinzipien der praktisch so wichtigen Entfernung fixer Metallsalzlacke aus dem Haar werfen ein Streiflicht auf die Wichtigkeit chemischen Denkens in der Haarfärberei und wäre es zu wünschen, daß systematisches chemisches Studium hier sicherere Methoden zu finden gestattt, als es die zur Zeit gebräuchlichen sind.

---

[1] Natriumsulfit wirkt besonders in angesäuerter Lösung unter Bildung schwefliger Säure kräftig reduzierend. Als Neutralsalz kommt ihm ebenfalls Reduktionswirkung zu, doch ist dieselbe nur vorübergehender Natur, weil Natriumsulfit durch Oxydation zu Natriumsulfat bei Luftzutritt rasch seine reduzierenden Eigenschaften verliert. Dem Natriumsulfit kommt also hier mehr die Eigenschaft eines „Verzögerns" als eines typischen Reduktionsmittels zu.

Anleitung zur Ausführung von Versuchen

Praktische, orientierende Versuche auf totem Menschenhaar sind unerläßlich, um sich wenigstens einigermaßen über den Effekt einer Haarfarbe Rechenschaft geben zu können. Hierzu ist aber nur Menschenhaar verwendbar und nicht etwa Kapokwolle oder dergleichen. Nun sind die Resultate auf totem Haar ganz anders als auf lebendem Haar und kann man selbst, wie dies in der Praxis häufig geschieht und unerläßlich ist, von der zu färbenden Person vor der Applikation einen Versuchsträhn entnehmen, also die gleichen Haare versuchsweise anfärben.

Bei allen Versuchen mit totem Haar ist vorauszusetzen, daß diese unter Bedingungen vorgenommen werden, die jenen der Färbung am lebenden Haar möglichst nahekommen. Der Strähn muß also ebenso sorgfältig entfettet bzw. vorgebleicht werden, wie dies das lebende Haar werden soll, wobei auch sorgfältiges Nachspülen mit angesäuertem Wasser und schließliche Entfernung der sauren Flüssigkeit durch Wasserspülung nicht zu vergessen ist. Die Applikation erfolgt auf das noch feuchte Haar, das aber durch Auswinden von jedem Flüssigkeitsüberschuß befreit sein muß, um jede zu große Verdünnung der Farbe auszuschließen.

Alsdann geschieht die Applikation, eventuell Anwärmen (Henna-Rastik usw.) unter Bedingungen, die jenen der praktischen Haarfärbung am lebenden Haar genau angepaßt sind. Dies ist besonders wichtig und empfehlen wir diesbezüglich folgende Punkte der allgemeinen Beachtung:

Bei Metallsalzlösungen wird die Farbe auf den Versuchssträhn in genau der gleichen Weise, wie auf das lebende Haar aufgetragen, d. h. nur sparsam und in kleinen Mengen mit der Bürste. Keinesfalls darf hier ein übermäßiges Tränken des Strähns mit Haarfarbe erfolgen, eine ganz unsinnige Maßnahme, die gar keine sicheren Schlüsse ermöglicht. Ganz unsinnig ist das oft geübte Eintauchen in eine flüssige Haarfarbe, solche Versuche sind wertlos und lassen die Gewissenhaftigkeit des erfahrenen Fachmannes vermissen. Leider wird ein solcher Unsinn alltäglich begangen.

Bei Henna- bzw. Henna-Rastikapplikationen wird ebenfalls in analoger Weise nach dem Vorbild der Applikation am lebenden Haar verfahren, nämlich: Der entsprechend vorbereitete Haarsträhn wird mit dem heißen Breiumschlag mit dem Pinsel imprägniert, alsdann in Papier eingeschlagen und in ein Wolltuch eingehüllt, wenn es sich um Hennaapplikationen ohne künstliche Vorwärmung handeln soll. Soll künstliche Vorwärmung mit feuchter Wärme in Frage kommen, wie wir dies für die dunklen Nuancen des Henna-Rastik in allen Fällen empfehlen, so wird der Strähn mit Farbbrei imprägniert, dann in Seidenpapier eingeschlagen und dann in Watte eingehüllt. So bringt man ihn in einen entsprechend konstruierten Trockenkasten, in dem eine feuchte Wärme durch mäßiges Erwärmen und Verdampfen von Wasser im Innern erzeugt wird, wobei vor dem Einbringen der Strähne auf eine konstante Temperatur von 55 bis 60° C einzustellen ist. Es versteht sich von selbst, daß dieser Trockenapparat im Innern so eingerichtet sein muß (Einlage von Glas- oder Asbestplatten u. dgl.), daß die Strähne nicht etwa mit Metall (Eisen oder Kupfer) in Berührung kommen können.

In diesem Wärmeapparat läßt man die Strähne für die vorgesehene Dauer der Erwärmung während der Applikation am lebenden Haar, nimmt dann heraus, wäscht aus und trocknet.

Ganz verwerflich ist auch hier das Eintauchen des Strähns in einen Topf mit heißem Hennabrei usw., was sich wohl von selbst versteht.

Nur Versuche, die in peinlichster Weise die Umstände bei der Applikation am lebenden Haar berücksichtigen, haben Wert, das ist ein für allemal als feststehend zu betrachten und entsprechend zu beherzigen.

Ganz allgemein gesprochen wird die Nuance auf totem Haar meist immer heller ausfallen als auf lebendem Haar. Die Ursache hierzu ist, daß auch das ganz frisch abgeschnittene Haar augenblicklich die Sensibilität des lebenden Haares einbüßt, die sich in einer größeren Affinität der Keratinhülle zum Farbstoff äußert. Dies ist als generell wichtig zu beachten.

Dritter Teil

Die Applikationstechnik der Haarfarben

In diesem Teile unseres Buches sollen die praktischen Methoden der Haarfärberei so dargestellt werden, daß diese Darstellung sowohl dem Haarfärbefachmann wie auch dem sich für diese wichtige Gebiete der Kosmetik interessierenden Chemiker ein klares Bild der Art und Weise der praktischen Verwendung der Haarfärbemittel geboten wird. Wir sind hierbei immer von den Voraussetzungen ausgegangen, die wir in den vorhergehenden Teilen unserer Arbeit zum Ausdrucke gebracht haben, jener der Notwendigkeit streng sachlich-wissenschaftlichen Denkens, und der Vertiefung färbereitechnisch-praktischer Kenntnisse durch chemisch-wissenschaftliches Studium bzw. umgekehrt Nutzbarmachung chemischer Vorbildung auf dem Gebiete der praktischen Haarfärberei. In letzterer Beziehung wollen wir ganz besonders dem Chemiker Gelegenheit geben, das Wesen der Haarfärbung so zu erfassen, daß seine wissenschaftlichen Arbeiten auf diesem bisher unbegreiflicherweise chemisch-wissenschaftlicher Methodik als Terra incognita ziemlich verschlossenem Gebiete der Kosmetik fruchtbaren Boden finden können. In beiden Fällen waren wir bestrebt, der wesentlichsten Tendenz unseres Buches gerecht zu werden, die darin liegt, der Förderung aller Interessen dienlich zu sein, die berufen erscheinen, am Ausbau dieses hervorragend wichtigen und interessanten Zweiges der Kosmetik Anteil zu nehmen. Wir wollen aber auch durch Aufklärung das auch hier üppig emporwuchernde Pfuschertum bekämpfen und damit der Allgemeinheit dadurch nützlich sein, daß wir unser Scherflein dazu beitragen, um die Zahl jener unglücklichen Opfer verringern zu helfen, die den „Jungbrunnen" des Stümpers als groteske Gestalten verlassen haben und, durch unmögliche Haarfarben verunstaltet, durchs Leben wandeln.

Es ist selbstverständlich, daß man auch die Praxis des Haarfärbens nicht aus Büchern lernen kann, es ist aber wohl nicht minder selbstverständlich, daß, solange es nicht gelungen ist, das Interesse aller interessierten Kreise, zu denen sowohl der Haarfärbefachmann, also der Friseur, wie auch der Chemiker gehört, in so weitgehendem Maße zu wecken, daß beide in innigster Zusammenarbeit einmal eine gesunde wissenschaftlich-praktische Methodik auf diesem weiteste Kreise interessierenden Gebiete der Haarfärberei — besonders passiv gesprochen — ins Leben zu rufen, Bücher mit diesbezüglichen Anregungen sicher nötig sind und berufen sein können, hier aufklärend und anregend zu wirken.

In diesem Sinne möge der Leser unsere Darstellung der Materie auffassen und unsere Arbeit so bewerten, daß diese zu praktischen Versuchen anregen will unter stetiger Betonung des so wichtigen Momentes sachlicher Methodik und immer nötiger Spezialerfahrung auf dem Gebiete der Haarfärberei auf wissenschaftlicher Grundlage, ohne hierbei gewisser ästhetischer Momente zu vergessen, deren Beobachtung nicht weniger in die Wagschale fällt und es gestattet, die Haarfärberei wirklich als Kunst zu werten und auszuüben.

Die Ästhetik des Haarfärbens

Abgesehen von der nötigen wissenschaftlichen Fundamentierung färbereitechnischer Kenntnisse und persönlicher Routine, spielen in der Haarfärberei, die wir wohl nicht mit Unrecht als Haarfärbekunst bezeichnen dürfen, gewisse ästhetische Momente eine hervorragende Rolle und läßt sich auch hier, wie beispielsweise in der Parfumerie, nicht ungestraft gegen gewisse Harmoniegesetze verstoßen, die den ästhetischen Gesamteindruck von Gesichtszügen und Haarfärbung in ganz bestimmten Grenzen festlegen und gebieterisch bei Ausführung künstlicher Haarfärbungen den natürlichen Takt des Künstlers verlangen, der sein Werk nur dann als vollkommen ansehen will, wenn es auch in den kleinsten Details die harmonische Wirkung des Gesamteindruckes empfinden läßt.

Die große ethische Aufgabe der künstlichen Haarfärbung besteht darin, entschwundene Jugend vorzutäuschen und so dazu beizutragen, vielen Personen das Leben zu erleichtern und in vielen Fällen erst erträglich zu gestalten. Die Schaffung solcher Illusionen ist im allgemeinen eine hohe Aufgabe der gesamten Kosmetik und in ganz besonderem Maße auch der Haarfärbekunst, die dieser Aufgabe durch künstlerischen Takt und größte Gewissenhaftigkeit gerecht werden muß, wie sich auch der Applikateur stets darüber Rechenschaft geben muß, daß er berufen und verpflichtet ist, der Allgemeinheit jene Dienste zu leisten, die sie mit Recht von ihm erwarten kann.

Nicht bloßer Eitelkeit dient die Schaffung solcher Illusionen, jung zu sein oder jung zu erscheinen ist in den Zeiten des rücksichtslosen, modernen Lebenskampfes ein Existenzfaktor geworden, den zu fördern eine hohe ethische Aufgabe ist. Solche Faktoren spielen in unserer Zeit auch für den Mann eine wichtige Rolle, ebenso für die Frau, sei es daß auch sie im Lebenskampfe steht, sei es, daß sie, im natürlichen Bestreben der Frau stets jung und anziehend zu erscheinen, auch Eitelkeitsregungen und Wünschen Raum gibt, deren Erfüllung aber ja deshalb nicht weniger einen wichtigen Existenzfaktor im natürlichen Berufe der Frau darstellt.

Auch wenn wir den Eitelkeitsfaktor in den Vordergrund rücken wollten, so ist, speziell in unseren Tagen, eine gesunde Eitelkeit gleichwertig mit der selbstverständlichen Pflege des Körpers und der Erscheinung des Gebildeten, die ebenfalls ein wichtiger Lebensfaktor geworden ist.

Der gewissenhafte Applikateur muß also gewissen ästhetischen

Grundsätzen Raum geben, bevor er an eine künstliche Haarfärbung geht und alles vermeiden, was mit den Gesetzen der Ästhetik der Gesamterscheinung und jenen natürlicher Harmonie nicht in absolutem Einklange steht, also fehlerhafte Resultate ergeben würde.

Einer der elementarsten Fehler dieser Art besteht in der Auswahl einer zu dunklen Tönung bei welken Gesichtszügen. Ein im Schmuck weißer oder grauer Haare harmonisch wirkendes greisenhaft verändertes Antlitz wird zur abscheulichen Maske im zweifelhaften Schmuck tiefschwarzer oder sonst zu dunkler Haare, kann aber z. B. mit heller künstlicher Tönung (Châtain clair, Blond, besonders aschblond) harmonisch und viel jugendlicher wirken. Der Applikateur muß hier stets beratend zu wirken versuchen, denn meistens wollen Personen mit völlig ergrautem Haar, die früher dunkelhaarig waren, genau die gleiche Tönung wählen. Anderseits kann der Friseur hier Konzessionen gewisser Art machen, wenn die Gesichtshaut gut gepflegt ist und das Gesamtbild der Züge nicht zu schlaff ist. Alle diese Momente spielen eine große Rolle und erfordern eine gute Beobachtungsgabe. Ein entsprechender Vorrat in den verschiedensten Tönungen gefärbter Postiches kann hier die Auswahl einer passenden Nuance (nach Färbung eines Versuchssträhnes) wesentlich erleichtern.

Ebenso wichtig ist aber auch in ästhetischer Hinsicht die Vermeidung des schon früher erwähnten Fehlers zu monotoner Färbungen, die ebenfalls unnatürlich wirken und maskenhafte Wirkung der Gesichtszüge verursachen können.

Daß jede Unnatürlichkeit der Tönung, also auch unnatürliche Reflexe, fleckenhafte Verfärbung des gefärbten Haares usw. unnatürlich, also unharmonisch wirken, ist selbstverständlich und ist restloser Beseitigung solcher Defekte ebenfalls die größte Aufmerksamkeit zuzuwenden.

Kurz, nur größte Gewissenhaftigkeit in allen Dingen und scharfe Beobachtung aller bei einer harmonischen Gesamtwirkung der künstlichen Haarfarbe mitspielenden Faktoren können solche Resultate ergeben, die der hohen Aufgabe des Haarfärbekünstlers würdig sind.

Nach diesen einleitenden Ausführungen kommen wir nunmehr zur eigentlichen

praktischen Anwendung der Haarfärbemittel.

Bei nachstehenden Ausführungen vorausgesetzt sind Kenntnisse primitiver Art, wie Abteilung des Haares zum Färben,

Handhabung des Kammes und der Färbebürste, Kenntnis und Vorhandensein von Wasch-, Wärme- und Trockenapparaten modernster Konstruktion und nicht zuletzt Gewandtheit im Umgang mit den zu färbenden Personen, meist Frauen, wobei einige Kenntnis der weiblichen Psyche stets von Vorteil ist.

Wer diese primitivsten Kenntnisse nicht besitzt, kann sie ohnehin nicht aus Büchern lernen und auch die zur Erläuterung der verschiedensten Handgriffe dieser Art nötigen Zeichnungen nicht ohne praktische Übung mit Nutzen verwerten. An färbetechnischen Leitfaden für Friseure, die solche Handgriffe erschöpfend durch Abbildungen u. dgl. illustrieren, ist kein Mangel und kann sich auch der Chemiker durch Studium solcher empirischen Spezialabhandlungen in dieser Richtung leicht informieren. Um solche gewerblichen Handgriffe wirklich zu erlernen, ist es nötig, einen gewerblichen Ausbildungskurs im Friseurgewerbe mitzumachen, was, in Parenthese bemerkt, auch dem Akademiker, der sich in die Applikationstechnik der Haarfärbung vertiefen will, nur nützen kann.

Wir behandeln auch die Applikationstechnik hier mehr vom wissenschaftlich-methodischen Standpunkt und jenem der Verwertungsmöglichkeiten solcher heutzutage unerläßlichen Vorkenntnisse in der praktischen Haarfärberei und soll unsere Arbeit nicht wiederholen, was längst in praktischen Leitfaden des Haarfärbens veröffentlicht wurde, sondern das Wesen der Haarfärberei von neuen Gesichtspunkten, jenen exakt wissenschaftlichen Denkens und eingehender Kenntnis der Zusammensetzung der verwendeten Haarfarben, beleuchten. In immer wiederholter Betonung der besonderen Wichtigkeit letzteren Momentes soll bei den nachstehend erläuterten Grundzügen der praktischen Haarfärberei restlose Kenntnis der angewendeten Haarfarbe vorausgesetzt sein, in der Annahme, daß die Ausführungen des I. und II. Teiles auf so fruchtbaren Boden gefallen sind, wie wir es hoffen und erstreben.

Es kann sich also hier nicht um eine schematisch-monotone Darstellung starrer Färbemethoden und Kniffe handeln, sondern lediglich um eine methodische Darstellung der Materie in großen Zügen, unter Hervorhebung aller exakt-wissenschaftlichen und fachtechnischen Momente, die die Routine fördern können und das oft gedankenlose Darauflosarbeiten des Applikateurs in die Bahnen logischer Beobachtung lenken wollen. Wir haben bereits früher betont, daß der Haarfärbefachmann mit der erforderlichen gewerblichen Schulung, wenn er auf der Höhe seiner Aufgabe sein will, auch gewisse fundamentale chemische Kenntnisse in genügendem Ausmaße besitzen muß, um methodisch und sicher arbeiten zu können. Nur so wird er lernen, wirklich auf eigenen Füßen zu stehen, nur so kann er in der Lage sein, gewisse unvermeidliche Mißerfolge mit Sicherheit zu beheben. Solchen Bestrebungen in erster Linie zu dienen, ist die Tendenz vorliegender Arbeit und waren wir redlich bestrebt, die Bahn gewisser reichlich ausgetretener Wege zu verlassen, um, wenn auch oft in Beobachtung alter Tatsachen und Erfahrungswerte, dem Praktiker neue Wege zu weisen, die er mit Erfolg beschreiten kann.

Die reichliche Fülle des Stoffes und der uns leider nur zur Verfügung stehende verhältnismäßig knappe Raum, machten es also nötig, Zeichnungen, die auf primitivere technische Arbeitsmaßnahmen Bezug haben, auf ein Mindestmaß zu beschränken, auch detaillierte Beschreibungen von Arbeitsstätte und Handwerkszeug wegzulassen. Dagegen glauben wir es ermöglicht zu haben, daß der Applikateur aus unseren im II. Teil gemachten Erläuterungen und auch aus unseren nachstehenden färbereitechnischen Ausführungen jenen Nutzen ziehen kann, der es ihm ermöglicht, ein ehrsames Handwerk wirklich zum Range einer wahren Kunst zu erheben.

Allgemeine Vorbemerkungen

Das Färben der Haare soll nur bei gutem Tageslicht erfolgen, bzw. unter Benutzung von Speziallampen (elektrische Tageslichtlampen).

Die Färbeutensilien müssen stets in reichlicher Anzahl und in stets gut gereinigtem Zustande zur Verfügung stehen. Die Gefäße zum Anmachen des Hennabreis (bzw. Henna-Rastikbreis) dürfen niemals aus blankem Metall (Eisen, Kupfer) sein, sondern aus Steingut oder gut emailliertem, lückenlosen Metall. Emailgefäße mit beschädigtem Email sind ebensowenig verwendbar wie blanke Metallgefäße. Töpfe u. dgl. sollen schön aussehen, das macht immer einen guten Eindruck auf den Kunden. Alte Küchenkasserollen machen keinen guten Eindruck, wo immer tunlich außen blank vernickelte Kasserollen und Wasserbäder verwenden.

Das zu Spül- und Waschzwecken verwendete Wasser muß weich, d. h. kalkarm sein, noch besser ist kalkfreies Kondenswasser zu verwenden, weil Kalksalze die Färbung ungünstig beeinflussen, ja direkt Veranlassung zu grünen Reflexen und Flecken werden können.

Orientierende Versuche mit dem Versuchssträhn.

Derselbe ist am besten aus der Wirbelgegend dicht bei der Wurzel zu nehmen, nicht bei der Haarspitze. Letztere greift viel leichter als die Wurzelenden und ist die Wirbelgegend erfahrungsgemäß jene, die sich am schwierigsten färben läßt. Im übrigen vergleiche unsere Ausführungen auf S. 82.

Langes Haar und Bubikopf

Es ist gewiß nicht zu leugnen, daß die Bubikopfmode das Haarfärben im allgemeinen erleichtert hat. Jedoch bringt der kurze Nackenschnitt hier eine neue Schwierigkeit mit sich, die feinen, kurzen Nackenhaare entsprechend zu färben, was zu beobachten ist. Auch können beim Bubikopf fehlerhafte Stellen nicht durch Auflegen des Chignons verdeckt werden, was ebenfalls eine besondere Sorgfalt bei Behebung von Mißerfolgen nötig macht. Beim Bubikopf muß der Applikateur, im Gegensatz zum langen Haar, bei dem die Färbung der Vorderkopfpartien die größte Aufmerksamkeit beansprucht, den Hinterkopf- und Nackenpartien ganz besondere Sorgfalt zugewendet werden.

Bei Männern liegt der Fall ja analog, auch hier läßt sich nichts verdecken, hier muß, ebenso wie beim weiblichen Bubikopf ein viel sorgfältigeres Arbeiten einsetzen.

Behandeln gefärbten Haares mit der Brennschere.

Dieselbe ist in allen Fällen zu unterlassen, weil das heiße Eisen Verfärbungen hervorruft.

Dauerwellen

Auch nachträgliches Dauerwellen ist nicht immer ratsam. Keinesfalls ist dieses anzuwenden ohne auf einem Strähn versucht zu haben. In nur wenigen Fällen wird sich nachträgliches Dauerwellen ohne Schädigung der Nuance durchführen lassen. In allen Fällen ist es vorzuziehen, erst die Dauerwellung vorzunehmen und dann zu färben.

Allgemeine Vorprüfung des Haares vor der Färbung

Die gewissenhafte Vornahme derselben ist von allergrößter Wichtigkeit und ist von einer solchen das gute Resultat der Haarfärbung abhängig. Tatsächlich lassen sich durch sorgfältige Beobachtung des zu färbenden Haares gewisse Schlüsse ziehen, die dem erfahrenen Fachmann gestatten, Mißerfolge mit einiger

Sicherheit zu vermeiden, bzw. solche nur relativ leichter Art zu riskieren, die leicht behoben werden können.

Zunächst wird die Beschaffenheit des entfetteten, vorgewaschenen Haares im allgemeinen festgestellt, d. h. die Struktur. Weiche, geschmeidige Haare gestatten im allgemeinen bessere, gleichmäßigere und echtere Töne zu erhalten, gut entwickelte Keratinhülle vorausgesetzt, als spröde, widerspenstige Haare. Letztere neigen auch von Natur zu gewissen rötlichen Reflexen.

Besonders wichtig ist aber die für die Auswahl der Nuance direkt ausschlaggebende prozentuelle schätzungsweise Feststellung der Anzahl weißer Haare. Diese Schätzung gestattet, wenn richtig durchgeführt, Überfärbungen auszuschließen, die praktisch sehr oft auch durch Abschwächen mit Abzugsmitteln gar nicht korrigierbar sind und immer ein bedenkliches Fehlresultat darstellen.

Die große Wichtigkeit solcher Beobachtung erhellt sich aus der Tatsache, daß die Grundtöne einer käuflichen, bzw. selbsthergestellten Haarfarbe stets auf ganz weißes Haar eingestellt sind (100%iges weißes Haar), während die Applikationsdauer im Mittel auf zirka 75%iges weißes Haar berechnet ist. Diese beiden Faktoren sind bei der Schätzung bzw. Feststellung des Prozentgehaltes des zu färbenden Haares an weißem Haar in Berücksichtigung zu ziehen.

Direkt maßgebend ist hier auch folgende Tatsache: Die weißen Haare färben sich immer weniger intensiv als Haare, die noch natürlichen Farbstoff enthalten. Würde man also z. B. ein mit weißen Haaren durchzogenes Haar mit Châtain clair (Hellbraun) anfärben, so nehmen nur die weißen Haare diese Tönung an, während die z. B. noch natürlich châtain gefärbten Haare viel dunkler greifen würden, und zwar erfahrungsgemäß zwei Nuancen dunkler, also in ganz dunklem Châtain. Enthält das zu färbende Haar nun viel weiße Haare (zirka 75%), so gäbe diese Färbung einen harmonischen Effekt, weil die weißen Haare bedeutend überwiegen, wären aber nur wenig weiße Haare vorhanden, so käme ein Mißerfolg heraus und das Haar erschiene scheckig.

Die Schätzung ist von folgenden Gesichtspunkten maßgebend für die Auswahl der Nuance und die Applikationsdauer:

Sind 15% oder weniger weiße Haare vorhanden, so ist eine um zwei Töne hellere Nuance zu wählen als der beabsichtigten Färbung entspricht: also Blond für Châtaintöne bei normaler für Blond vorgeschriebener Applikationsdauer.

Sind mehr als 15% bis zu 30% weiße Haare vorhanden, so ist ein Ton heller zu wählen bei normaler für diesen helleren Ton vorgeschriebener Applikationsdauer, also z. B. Châtain clair für Châtain.

Sind wesentlich über 30% bis zu 75% weißer Haare vorhanden, so ist die der beabsichtigten Tönung entsprechende Nuance der Haarfarbe voll zu nehmen, bei vorgeschriebener Applikationsdauer, also z. B. Haarfarbe mit Etikett Châtain für Châtaintöne.

Sind mehr als 75% weiße Haare vorhanden, so wird wie im vorstehenden Fall, die Nuance der Etikette maßgebend sein, jedoch ist in diesem Falle die vorgeschriebene Applikationsdauer länger auszudehnen. Wichtig ist hierbei folgende Feststellung: Der bei diesen gemischten Haaren stets vorhandene Prozentsatz weißer Haare bewirkt, bei Einhaltung obiger Maßnahmen immer in den Grenzen der Harmonie bleibende Kontraste der Färbung, die aber gerade nötig sind, um eine zu große Monotonie der künstlichen Färbung zu vermeiden, weil die dunkler greifenden Haare hier solche Schattierungen ergeben, wie sie auch bei der natürlichen Haarfarbe zu beobachten sind. Nun sind es aber gerade solche Schattierungen, die die Gesamtnuance beleben und natürlicher machen.

Im übrigen ist bei Auswahl der Nuance immer der Tatsache des Nachdunkelns Rechnung zu tragen, die bei allen Haarfarben zu beobachten ist, aber, je nach Art der Zusammensetzung der kombinierten Haarfarbe, in ganz verschiedener Intensität zum Ausdruck kommen kann.

Diese Beobachtungen erstrecken sich natürlich nur auf gesundes, noch nicht vorgefärbtes und auch nicht vorgebleichtes Haar; solche vorbehandelten Haare stellen Spezialfälle dar, mit denen wir uns nachstehend beschäftigen wollen.

Spezialfälle

Vorgebleichtes (oxygeniertes) Haar

das nicht anderweitig etwa mit Haarfarben behandelt wurde, macht keine besondere Vorbehandlung nötig wie im nachfolgenden Spezialfall, aber bedingt das Einhalten ganz besonderer Vorsichtsmaßregeln, weil ja auch nach dem Bleichen gut ausgewaschenes oxygeniertes Haar viel intensiver mit den künstlichen Haarfarben reagiert als nicht oxygeniertes.

Ganz allgemein kann man sagen, daß oxygeniertes Haar etwa um zwei Töne dunkler greift als unbehandeltes Haar, doch läßt sich eine absolute Regel in dieser Hinsicht nicht festsetzen, weil diese Intensität der Färbung je nach dem Charakter der

Haarfarbe und der Färbeaffinität des Haares nicht unwesentlich variieren kann.

Hier kann praktisch nur Arbeiten mit einem Versuchssträhn Richtlinien geben.

Krankes, degeneriertes Haar

Zu häufiges Bleichen oder Färben, auch unzweckmäßige Alkalibehandlung usw. des Haares bewirkt Degeneration (schwammiges, filziges Haar).

Solche Haare können überhaupt nicht gefärbt werden und müssen sich erst erholen, bzw. durch Regenerierung (vgl. S. 126) färbefähig gemacht werden. Eventuell können hier Notfärbungen mit spritlöslichen Anilinfarben in Frage kommen.

Bereits früher mit unbekannten Farben gefärbtes Haar

Von solchem muß unbedingt die Farbe abgezogen werden, ehe zu einer Neufärbung geschritten werden kann, eine immer unerfreuliche, zeitraubende und für das Haar wenig vorteilhafte Operation, die sehr häufig zu Herumprobieren Veranlassung gibt, das die Haare in einen Zustand schwerer Degeneration versetzen kann. Leider ist diese unangenehme Operation insofern an der Tagesordnung, als der Applikateur nur in relativ seltenen Fällen seitens der Kundschaft auch nur einigermaßen sichere Informationen über die Art der früher verwendeten Haarfarbe erhalten kann. Es beginnt dann, mangels der nötigen chemischen Kenntnisse um eine qualitative Analyse des gefärbten Haares ausführen zu können und mangels anderer chemischer Kenntnisse meist das Herumprobieren. Dieser Zustand ist sicher ein beklagenswerter, könnte jedoch durch die von uns vorgeschlagene ständige Mitarbeit eines Chemikers durch Analyse des Haares in so einwandfreier Weise gebessert werden, daß man sich wundern muß, daß dies seitens des Applikateurs noch nicht in Erwägung gezogen bzw. durchgeführt wurde. Wenn man bedenkt, welche Fülle von Unannehmlichkeiten das herumprobierende Abziehen dem Praktiker bereitet, wieviel Mühe und kostbare Zeit hier oft verloren gehen, so wird es klar, daß speziell in dieser Hinsicht Abhilfe dringend nottut, sei es durch analytische Untersuchung solcher Haare, sei es durch systematische Ausarbeitung präzis wirkender, jedem Spezialfall angepaßter Abzugsverfahren, ein Gebiet, auf dem der Chemiker und auch der genügend chemisch vorgebildete Haarfärbefachmann sehr Verdienstvolles leisten könnten.

Zur Behebung der angedeuteten, von jedem Haarfärbeapplikateur und zum Teil auch sicher seitens der Kundschaft, alltäglich recht unangenehm empfundenen Mißstände auf diesem Gebiete könnte aber, unserer Ansicht nach, auch ungemein viel die in dieser Arbeit angeregte Selbstherstellung geeigneter, praktisch erprobter Haarfärbemittel durch den Applikateur ganz wesentlich beitragen, wenn hierbei jede Geheimniskrämerei in Wegfall kommt und ein Austausch der so erworbenen Kenntnisse unter Fachkollegen stattfindet, also etwa im folgenden Sinne vorgegangen wird:

Der Applikateur richte für jeden seiner Kunden ein kleines Färbebüchlein ein, in das er jede Färbung im Prinzip eintrage: Also angenommen, daß der Applikateur als Selbsthersteller seine Haarfarbe im Prinzip genau kennt, z. B. folgende Eintragung zu machen wäre: Datum ......, Frau N. N., Haarfärbung mit Breiumschlag Henna. Eisen, Pyrogallol, Cobalt. Oder z. B. Silber-Pyrogallolfärbung usw. Die Kundschaft wäre dann entsprechend darüber zu belehren, daß ihr das Büchlein, etwa bei Abreise, Aufenthaltswechsel usw. immer zur Verfügung steht, um nicht weniger in ihrem eigenen Interesse als in jenem des färbenden Nachfolgers bei jeder Neufärbung von anderen Händen, vorgelegt werden soll. Auf diese Weise könnte eine solche Fülle von Unannehmlichkeiten beseitigt werden, daß wir nicht umhin konnten, hier ausdrücklich darauf hinzuweisen und nur wärmstens empfehlen können, solche einfachen Maßnahmen als allgemein gültig einzuführen. Auch nicht in letzter Linie der Kunde wird den ihm hieraus erwachsenden Vorteil zu schätzen wissen und von dem Applikateur Anlage bzw. Ausfolgung eines solchen Färbeprotokolls verlangen lernen.

Nach dieser, wie uns scheint, sicher nicht unnützen Abschweifung, kommen wir auf das Kapitel

Abziehen gefärbter Haare

zurück.

Über die chemischen Prinzipien des Abziehens haben wir uns bereits S. 78 ausführlich geäußert.

In einzelnen Fällen kommt folgendes generelle Abzugsverfahren in Frage, das harmloser Natur ist; nämlich gründliches Waschen mit heißer Seifenlösung (neutrale nicht alkalische Seife). Ausspülen und mit Alkohol, der mit Aceton versetzt wurde, frottieren bzw. nachwaschen (Hupka).

Dieses Verfahren bezweckt die Bildung von fettsaurem

Metallsalz und Abwaschen desselben durch acetonhaltigen Alkohol, ist aber nur in relativ seltenen Fällen von Erfolg begleitet.

Hierbei muß die Seife mit dem Haar in viel längerem Kontakt bleiben und in Form recht heißer Lösung angewendet werden, um einen nennenswerten Erfolg zu erzielen.

In manchen Fällen (säurelösliche Sulfide usw.) kann auch Behandeln mit verdünnten Mineralsäuren Lockerung des Farblacks bewirken. Auch salzsäurehaltiger Alkohol wird zum Abziehen empfohlen, ebenso gesättigte Kochsalzlösung, schwach mit Salpetersäure angesäuert (Silberfarben).

Als ziemlich universell brauchbares Abzugsmittel wird Jodkali angewendet. Man tränkt das gefärbte Haar mit einer Lösung von

Jodkali 10 g in Wasser 150 g

und läßt zirka $\frac{1}{2}$ Stunde einwirken. Schließlich wird mit Essigwasser nachgespült.

Speziell zum Entfernen von Silberfarben wird auch Abziehen mit einer Jodkali-Jodlösung empfohlen. Z. B.:

Metall. Jod	10 g
Jodkali...............	20 „
Wasser..............	170 „

Die Haare tränken, $\frac{1}{2}$ Stunde wirken lassen, dann auswaschen.

Als sehr wirksam wird auch folgende kombinierte Methode vorgeschlagen:

Man befeuchtet das Haar zuerst mit Ferrosulfatlösung, wodurch es zunächst dunkler wird. Trägt man alsdann eine heiße Kochsalzlösung auf, so tritt Reduktion unter Abgang ziemlicher Mengen Farblack beim Nachwaschen ein.

In manchen Fällen genügt auch Tränken mit etwa 5%iger Natriumthiosulfatlösung.

Besonders eine Nachbehandlung mit Natriumthiosulfat nach Jodkalivorbehandlung ist (speziell bei Silbersalzen) wirksam durch Lösung des gebildeten Silberjodürs. Kommt aber auch für Kupfersalze mit in Frage, wohl auch für andere Metallniederschläge.

Zum Abziehen von Silbersalzen (wohl auch anderer) wird szeziell folgende Methode empfohlen, die wir aber, als haarschädigend auch bei Abwesenheit anderer Metall-, besonders Eisensalzen, nicht empfehlen können, weil wir grundsätzlich gegen jedes Abziehen mit Wasserstoffsuperoxyd sind.

Diese Methode besteht darin, daß das Haar vorerst mit

3%igem Wasserstoffsuperoxyd, das mit etwas Ammoniak versetzt wurde, befeuchtet wird und dort etwa 20 Minuten belassen wird. Dann wird das so vorbehandelte Haar direkt mit einer etwa 7%igen Jodkalilösung getränkt, worauf der Kopf mit einem Tuch eingehüllt wird. Die Jodkalilösung soll 25 Minuten wirken. Die Operation ist eventuell zu wiederholen. Zum Schluß wird reichlich mit Essigwasser ausgewaschen. Grünfärbung des Waschwassers deutet auf guten Erfolg.

Wir weisen an dieser Stelle erneut darauf hin, daß ein Abziehen unbekannter Haarfarben mit Wasserstoffsuperoxyd immer gefährlich ist und nicht nur bei Eisensalzen, sondern auch anderen Metallsalzen und organischen, katalytisch wirkenden Verbindungen, zum Rauchen und damit der Zerstörung des Haares führen kann, also zu unterlassen ist, ganz abgesehen davon, daß in vielen Fällen das Wasserstoffsuperoxyd als oxydierendes Mittel die künstliche Haarfarbe, die abgezogen werden soll, so kräftig verstärkt und fixiert, daß ein Abziehen fast völlig unmöglich wird (z. B. bei Hennafarben u. a.).

Wir ersehen aus vorstehender Aufzählung der gebräuchlichsten Abzugsmittel, daß die heute dem praktischen Haarfärber zu Gebote stehenden Hilfsmittel dieser Art recht primitive und nur wenig zahlreiche und zuverlässige sind. Von keinem einzigen dieser Mittel (das beste dürfte noch Jodkali sein) läßt sich etwa behaupten, daß seine farbentfernende Wirkung eine sichere sei, von unfehlbarer Wirkung gar nicht zu sprechen.

Um so mehr wäre es an der Zeit, daß hier alles darangesetzt werde, um diese mehr oder minder rein empirisch ausgeübte Prozedur des Abziehens in wissenschaftlich und fachtechnisch geregelte Bahnen zu lenken, im Sinne unserer früheren Ausführungen.

Dies trifft in fast gleichem Maße für die Beseitigung von Mißerfolgen zu, bei der ebenfalls jede gesunde Systematik zu vermissen ist, obwohl zugegeben werden muß, daß die hierzu zur Verfügung stehenden Behelfe weniger dürftig sind und auch mit mehr Methodik zur Anwendung gelangen als die Abzugsmittel.

Vorwaschen und Entfetten der zu färbenden Haare

Dieser an und für sich recht einfachen Operation kommt praktisch die größte Bedeutung zu, weil nicht genügend entfettetes Haar keine soliden Farblacke bilden und Veranlassung zur Bildung grüner Flecken und Reflexe geben kann (Silber). Ferner bezweckt dieses warme Vorwaschen gleichzeitig Erweichung der

Keratinschicht des Haares, wodurch diese für den Farbstoff aufnahmefähiger gemacht wird.

Über das Wesen der Entfettung haben wir uns bereits früher erschöpfend geäußert, können also jetzt hier zu Erläuterungen rein praktischer Art übergehen.

Inwieweit hier eine eigentliche Entfettung des Haares energischerer Art nötig wird, hängt von der Beschaffenheit desselben ab. Bei normal fettem Haar genügt ein kräftiges Shampoonieren mit guter, kräftig schäumender, neutraler Seife, mit nachfolgender reichlicher Wasserspülung, am besten mit angesäuertem Wasser. Hierbei ist die Schaumkraft der Seife von allergrößter Bedeutung, denn diese ist von größtem Einfluß auf die gute Emulgierung überschüssigen Fettes und restlose Loslösung und Wegspülung von Staub und Schmutz, kurz für die reinigend-entfettende Wirkung der Seife.

In der Mehrzahl der Fälle wird also das Shampoonieren mit neutraler Seife genügen, um auch die stets nötige mild-entfettende Wirkung des Vorwaschens zu erzielen, denn auch neutrale Seife wirkt in wässeriger Lösung als mildes Alkali, infolge Dissoziation des fettsauren Alkalisalzes.

Was nun die Verwendung alkalischer Mittel anlangt, wie Ammoniak, Soda, Pottasche usw., so ist eine solche nur bei sehr fettreichem Haar nötig und zu empfehlen. Wichtig ist, daß diese Alkalien (ganz besonders Ammoniak) in nicht zu konzentrierter Form zur Anwendung kommen und vor allem nicht zu lange mit dem Haar in Berührung bleiben, weil hierdurch die Haare durch allzu reichliche Fettentziehung stark leiden können und stumpf und brüchig werden. Bei Alkalivorbehandlung der Haare ist eine Nachspülung mit angesäuertem Wasser absolut nötig, um jede Spur von Alkali aus dem Haar zu entfernen, weil Alkali die künstliche Färbung meist in unerwünschter Weise beeinflussen kann und dadurch besonders gefährlich werden kann, daß die Nuance zu stark greift, bzw. nachdunkelt. Man sollte die Säurespülung (Essigwasser, Citronensaftwasser usw.) aber auch in den Fällen einfacher Seifenvorwaschung ein für allemal zur Anwendung bringen, dies kann dem Haar und der Haarfärbung nur nützlich sein. Betreffs der Verwendung von Ammoniak wiederholen wir, daß niemals zu konzentrierte Lösungen anzuwenden sind und sollte deren Stärke niemals über zirka 2% Ammoniak hinausgehen. (Verdünnung des käuflichen Salmiakgeistes von zirka 25% im Verhältnis von zirka 80 g auf 1 l Wasser.) Für die Säurespülung ist eine Mischung von 50 bis 60 g starkem Speiseessig und 2 l Wasser sehr geeignet.

Bei sehr trockenem, von Natur fettarmem Haar, das alkalisch reagiert, soll immer zunächst eine direkte Säurebehandlung einsetzen (Essig- oder Citronenwasser oder Salzsäurewasser, etwa 5 Tropfen konzentrierte Salzsäure für 1 l Wasser). In vielen Fällen genügt diese Säurevorbehandlung um das Haar geschmeidig zu machen. Dieses ist dann direkt zur Färbung geeignet, nachdem es mit reinem Wasser nachgespült wurde. Nur in manchen Fällen wird eine nachträgliche Seifenwaschung hier nötig werden, der alsdann am besten eine leichte Säurenachbehandlung folgen sollte.

Säurenachbehandlung heißt das Haar mit ganz schwach angesäuertem Wasser nachwaschen und schließlich auch jeden Rest Säure mit reinem Wasser herunterspülen, denn es ist immer zu bedenken, daß es auch Fälle gibt, in denen Säuregehalt der Haare die Färbung ungünstig beeinflußt.

Nur in Ausnahmefällen kommt energische Entfettung mit Benzin, Schwefeläther oder Tetrachlorkohlenstoff überhaupt in Frage, wobei stets bei Benzin und Äther das Entfetten unter weitgehendsten Vorsichtsmaßregeln zu geschehen hat, infolge der Feuergefährlichkeit dieser Mittel, was sich eigentlich von selbst versteht, aber trotzdem sind Unglücksfälle durch Verbrennungen infolge Unvorsichtigkeit leider immer noch an der Tagesordnung. Tetrachlorkohlenstoff ist nicht feuergefährlich, verdient also den Vorzug, wenn schon solche energischen Entfettungsmittel intervenieren müssen.

Soweit eine leichte Vorbehandlung mit verdünntem Wasserstoffsuperoxyd aus färbetechnischen Gründen nicht unerwünscht erscheint, ist daran zu denken, eventuell Wasserstoffsuperoxyd (käufliches 3 gewichtsprozentiges Produkt), mit etwas Salmiakgeist versetzt, zum Reinigen und Entfetten heranzuziehen. In diesem Falle tränkt man einen Wattebausch mit dieser Lösung und reibt Haar und Haarboden kräftig damit ein, wobei leichtes Schäumen auf der Kopfhaut zu bemerken ist. Man läßt etwa 10 Minuten einwirken und spült dann reichlich mit angesäuertem Wasser nach.

Bei Ausführung der Vorwaschung der Haare ist immer daranzudenken, daß ihr Zweck auch darin bestehen soll, die Keratinhülle des Haares entsprechend zu erweichen und so aufnahmefähiger für die Farbstoffe zu machen. Diesem Zweck sucht man durch warmes Waschen möglichst gerecht zu werden, auch Alkali nimmt einen hervorragenden Anteil an der Erweichung der Keratinschicht. Es können also Fälle eintreten, in denen, auch bei nicht zu fettem Haar, die natürliche Härte der Keratinsubstanz des Haares (harte, widerspenstige Haare) Anwendung alkalischer

Mittel nötig macht, soweit hier kräftige, warme Behandlung mit neutraler Seife (eventuell unterstützt durch Eintrocknenlassen des Seifenschaumes) nicht ausreichend ist.

Vorbeizen der Haare

Man hat in dieser Richtung Versuche gemacht, um das Haar, z. B. in ähnlicher Weise wie die pflanzliche und tierische Faser der Textilien (Baumwolle, Wolle und Seide) durch Beizen für die Färbung zugänglicher zu machen, bzw. um die Keratinlackbildung zu fördern. Von analogen Überlegungen wie bei der Färberei dieser Fasern ausgehend, hat man z. B. das Vorbeizen des Haars mit Türkischrotöl (Sulforicinaten) empfohlen und sind einzelne Autoren hierbei zu guten Resultaten gekommen.

Jedenfalls liegen zur Zeit einwandfreie Versuchsresultate in dieser Richtung noch nicht vor.

In einzelnen Fällen, besonders bei der Hennafärberei, kommen solche Beizen in Betracht, mit denen man entweder die Haare vorbehandelt oder, häufiger, diese Beizen dem Farbbrei zusetzt.

Hier sind zu nennen Alaun, Citronensaft, Rotwein und Wasserstoffsuperoxyd, letzteres natürlich nur, wenn der Hennabrei keine Metallsalze usw. enthält, was immer wieder betont werden muß.

Auch der Zusatz von Tierharn, der im Orient gebräuchlich ist, ist als Beize aufzufassen.

In manchen Fällen kommt auch Alkalivorbehandlung (Ammoniak usw.) des Haares als Beize in Frage, um eine kräftige Nuance zu erhalten, dies aber nur in speziellen, vereinzelten Fällen (Pyrogallolhaarfarben usw.)

Soweit eine Vorbehandlung mit Wasserstoffsuperoxyd angemessen erscheint, kann dieselbe, ganz abgesehen von der bleichenden Wirkung dieser Vorbehandlung, die meist der Hauptzweck derselben ist, als Vorbeize aufgefaßt werden und ist es stets in mehr oder minder energischem Maße, je nachdem vor der nachfolgenden Applikation der Haarfarbe nicht ausgewaschen oder ausgewaschen wurde.

Wir haben zwar diese Verschiedenheit der Mitwirkung des Wasserstoffsuperoxyds schon besprochen (vgl. S. 11), wollen dieselbe aber an dieser Stelle, speziell als Beizwirkung, nochmals kurz rekapitulieren.

Gleich, ob Wasserstoffsuperoxyd bei der Vorbehandlung des Haars längere oder nur kürzere Zeit auf das Haar einwirkte, ob es gut ausgewaschen wurde oder das Haar zur Zeit der Applikation noch mit Wasserstoffsuperoxyd durchfeuchtet ist, wird in allen

Fällen diese Einwirkung des Wasserstoffsuperoxyds bei der Tönung der künstlichen Färbung zum Ausdruck kommen, und zwar in einer gewissen Vertiefung der Nuance, soweit es sich um Haarfarben gemische handelt, die befähigt sind, dunklere Töne als Blond zu liefern. Aber auch bei den Blondtönungen bewirkt das Wasserstoffsuperoxyd hier oft ganz nennenswerte Abweichungen von einer mittleren Blondtönung und wirkt hier ganz besonders unter Begünstigung gewisser rötlicher Schattierungen (Acajou-Blond) usw.

Vorbehandlung mit Wasserstoffsuperoxyd ist also, färbereitechnisch gesprochen, immer eine Vorbeizung.

Bei Auswaschen des überschüssigen Wasserstoffsuperoxyds vor der Applikation der Haarfarbe kommt eine direkte Mitwirkung dieses Mittels, das chemisch sowohl als Oxydations- (farbverstärkendes) wie Reduktionsmittel (farbabschwächendes) wirken kann, was wohl zu beachten ist, bei dem Färbeprozeß in beiden Richtungen nicht in Frage. Wasserstoffsuperoxyd wirkt aber trotzdem als Beize in dem oben angedeuteten Sinne, kann aber, zum Unterschied vom zweiten Fall, bei Blond nur Variierung der Haarfarbe in rötlichen Tönen und bei dunkler greifenden Farbmischungen nur kräftigere Tönungen begünstigen bzw. hervorrufen.

Im zweiten Falle, der natürlich bezüglich Anwesenheit von Metallsalzen usw. Beschränkungen unterworfen ist, also keinesfalls für Henna-Rastiks u. dgl. in Frage kommt, wird nicht ausgewaschen und das Haar ist im Augenblick der Applikation mit Wasserstoffsuperoxydlösung (schwach ammoniakalisch) durchfeuchtet. Hier kommt direkte Mitwirkung des Wasserstoffsuperoxyds in Frage, das so, wie meist, als energisches Oxydationsmittel wirken kann, eine Wirkung, die sich, in viel stärkerem Maße wie im ersten Fall, in Akzentuierung rötlicher Töne bei Blond, bzw. in Erzielung dunklerer Töne (etwa 2 Nuancen dunkler als die Etikette der Haarfarbe angibt) äußern kann und auch meist äußert.

In letzterem Falle ist also auch das Alkali (Ammoniak) an der Beizwirkung sicher mitbeteiligt. Nun kann aber diese direkte Anwesenheit von Wasserstoffsuperoxyd, die einen mehr oder minder regen Anteil an dem Färberesultat nimmt, hier die Intensität der Färbung ungünstig beeinflussen, indem es als Reduktionsmittel, also nuancenabschwächend, wirken kann. Dieser Fall ist, obwohl nur relativ selten, immer in Betracht zu ziehen. Praktisch kann sich eine solche Abschwächung gewisser Tönungen, die mit gewissen Haarfarben erzielt wurden, sogar in Mißlingen der Färbung äußern. Dieses wäre chemisch z. B. durch Reduktion haltbarer Oxydkeratinlacke zu labilen Oxydulverbindungen zu erklären. In manchen Fällen aber theoretisch auch nicht einer Reduktionswirkung zuzuschreiben sein, sondern auf zu weitgehende Oxydation, die z. B. haltbare Sulfidlacke in wasserlösliche Salze überführt, also etwa:

$$CuS + 4\,O = CuSO^4$$

Dies ist, wie gesagt, nur eine Hypothese, die aber hier ihren Zweck, gewisse Vorgänge plausibel zu machen zu versuchen, doch mit erfüllt. Diese reduzierende, abschwächende Wirkung des Wasserstoffsuperoxyds, immer direkte Mitwirkung vorausgesetzt, kann besonders bei der Nachbehandlung bei metallischen Haarfarben und Henna-Rastiks relativ häufig beobachtet werden (Blauholz-Eisenlacke usw.).

Das Färben mit flüssigen Haarfarben

Hier kommen meist Metallsalzlösungen in Frage. Auch die Haarfarben mit Anilinderivaten gehören praktisch hierher, ebenso Pflanzenauszüge usw.

In der weitaus größten Zahl der Fälle sind unter flüssigen Haarfarben aber ausschließlich Metallsalzlösungen mit passenden Entwicklern zu verstehen, eventuell unter gleichzeitiger Mitverwendung eines sogenannten Fixateurs (Flakon Nr. 3).

Meist werden diese Haarfarben in 2 bzw. 3 getrennten Flakons verwendet, wobei wir an dieser Stelle auf unsere S. 37 gemachten Ausführungen betreffs die Variationsmöglichkeit der Tönung durch Änderung des Applikationsmodus hinweisen.

Als generell beachtenswert sind hier folgende Tatsachen kurz zu erwähnen:

Metallsalzhaarfarben in Form von Lösungen übersättigen die Haare bei zu häufigen Applikationen rasch; dies trifft ganz besonders für Silbersalze zu.

Schwefelalkalien dürfen niemals zuerst auf das Haar aufgetragen oder gar dort eintrocknen. Sie würden das Haar schwer schädigen und bald zerstören. Man trage Schwefelalkalien (Schwefelleber) stets nach der Metallsalzlösung auf, hierdurch wird Schädigung nach Tunlichkeit vermieden.

Bei allen Applikationen ist es als selbstverständlich vorausgesetzt, daß die flüssige Haarfarbe überhaupt nur sparsam verwendet und sorgfältig mit der Bürste aufgetragen wird, unter Vermeidung jedes Überschusses und unter möglichster Vermeidung der Berührung der Kopfhaut. Auch jeder unnötig lange Kontakt der Haarfarbe mit dem Haar und dadurch indirekt auch mit der

Kopfhaut ist zu vermeiden. Der Fixateur, der manchmal zum Schlusse der Operation verwendet wird (seine Verwendung fällt eigentlich in das Kapitel Korrekturen von Mißerfolgen, da er häßliche Reflexe beseitigen hilft), kann in reichlicheren Mengen Anwendung finden und wird mit einem kleinen Schwamm vorsichtig aufgetragen. Hierunter ist aber nicht etwa ein Tränken der Haare zu verstehen, das in keinem Falle stattfinden darf.

Die Haarfarbe wird auf das noch feuchte Haar aufgetragen, das selbstverständlich nicht triefen darf, sondern gut ausgerungen sein muß. Man trägt zunächst Nr. 1 auf, läßt einige Minuten einwirken und dann Nr. 2. Dann läßt man eintrocknen und wäscht aus. Dieser Applikationsmodus kann, je nach der Gebrauchsanweisung und den Umständen, erheblich variieren (vgl. S. 37).

Gerät. Man nehme flache Tuschereibschalen aus Fayence, und zwar für jedes Flakon eine andere. Das Auftragen der Haarfarbe geschieht mit der Bürste, wobei zu bemerken ist, daß die den käuflichen Haarfarben beigegebenen Bürstchen durch den kurzen Stiel recht unpraktisch sind und besser durch langstielige Bürsten, etwas Zahnbürsten, zu ersetzen sind. Der Fixateur wird mit einem Schwamm aufgetragen.

Wichtig ist richtige, zweckmäßige Abteilung der Haare. Man zieht einen Kreuzscheitel, wodurch das Haar in vier Teile geteilt wird, von denen jeder getrennt bearbeitet wird. Statt des Kreuzscheitels kann man auch vorteilhaft die Haare nur mit einem

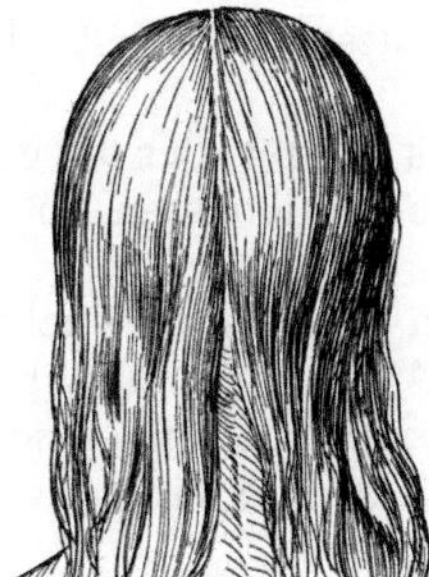

Abb. 1

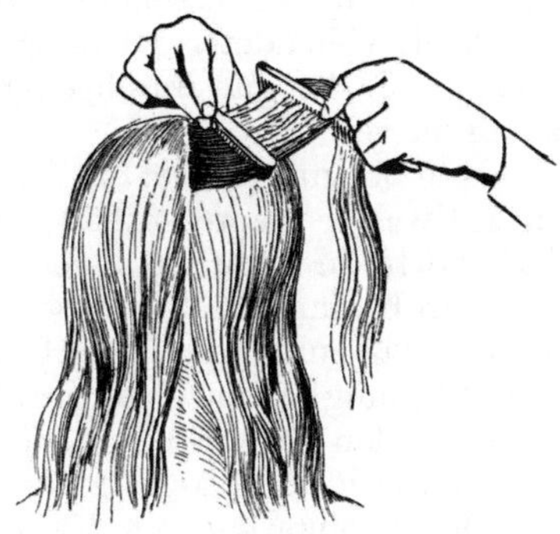

Abb. 2

Scheitel in 2 Hälften teilen (siehe Abb. 1). Man faßt eine Strähne, die von der Stirn bis zum Wirbel geht und etwa 1 cm dick ist, mit dem Kamm (siehe Abb. 2) und bestreicht sie mit der flüssigen

Farbe. Die so gefärbte Strähne wird dann auf die andere Kopfhälfte hinübergelegt. Man geht strahlenförmig weiter bis zur Ohrlinie, nimmt dann die gefärbten Strähne wieder herüber und färbt die andere obere Hälfte analog, wobei man für beide Hälften nur bis zur Ohrlinie geht. Dann wird die Nackenpartie in zwei Hälften, wie in Abb. 3 angedeutet, gefärbt. In Abb. 4 ist ein

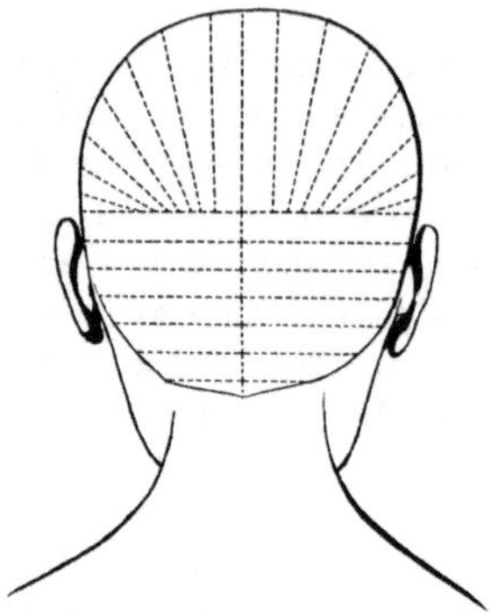

Abb. 3

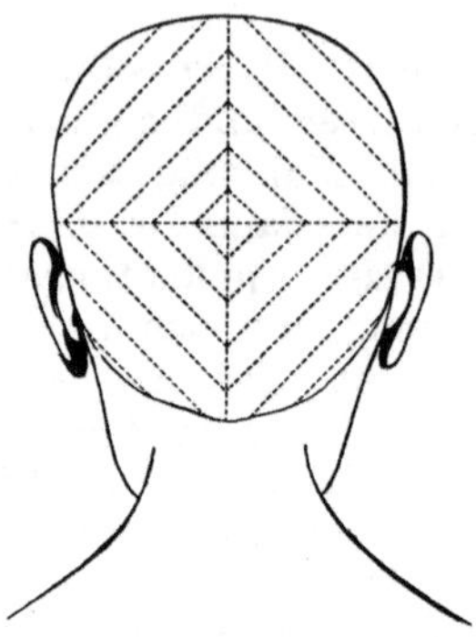

Abb. 4

anderes Schema des Haarfärbens angedeutet. Hier beginnt man mit dem Färben vom Wirbel aus und färbt die einzelnen Strähne diagonal zur Scheitellinie bis zur Ohrlinie. Das Haar wird hier also vorher im Kreuzscheitel abgeteilt.

Nach vollendeter Färbung wird das gefärbte Haar mit der flüssigen Farbe gut durchgekämmt, um diese möglichst gleichmäßig zu verteilen.

Man beginnt hierbei mit jenem Teil des Haares, der die größte Anzahl weißer Haare enthält, so daß diese am längsten mit dem Färbemittel in Kontakt bleiben.

Man beginnt die Färbung stets bei den Wurzeln und geht allmählich bis zur Spitze des Haares vor. Am besten nimmt man diese Färbung an einzelnen Strähnen der vier Abteilungen so vor, daß man den Strähn mit dem Kamm erfaßt und färbt, wo der Strähn durch den Kamm gleitet.

Die Applikation von Nr. 2 hat stets an der gleichen Stelle zu beginnen, an der Nr. 1 eingesetzt hat.

Sieht man hier schon die häßlichen metallischen Reflexe, so wende man schon jetzt den Fixateur zu Korrekturen an und warte nicht bis nach dem Auswaschen. Immerhin kann an eine definitive Korrektur erst nach dem Auswaschen gedacht werden.

Anwendung der Natur-Hennafärbung in Form von Breiumschlägen (Kataplasmen)

Wir verstehen hierunter entweder die hierzulande nur selten geübten Färbungen mit reiner Naturhenna (abgesehen von der Reflextönung zur Erzielung von rötlichen Tönungen auf natürlich gefärbtem Haar, wie z. B. durch Henna-Shampoon usw.) oder kombinierte Hennafärbungen mit Indigoblättern (Reng) oder anderen rein pflanzlichen Bestandteilen, also nicht chemisch modifizierte Hennakombinationen.

Über solche Gemische haben wir bereits ausführlich im II. Teil gesprochen und verweisen auf unsere diesbezüglichen Ausführungen auf S. 26. Wir erwähnen hier nur nochmals den Persio oder Orseille, einen violetten Pflanzenfarbstoff, der mit Henna und Alaun ganz prächtige dunkle und tiefschwarze Färbungen liefern kann. Dies ist wenig bekannt und würden wir dem Fachmann Versuche in dieser Richtung nahelegen.

Nachstehend sollen die Hauptmomente der Charakteristik der Hennafärbungen kurz erwähnt bzw. rekapituliert werden.

Die Fixierung des Farbstoffes der Henna bzw. Hennakompositionen ist eine direkte und beruht auf Oxydationsvorgängen bzw. auf gewissen Gährungserscheinungen im Brei, die sich bei der Fixierung des Farblackes geltend machen dürften. Henna selbst wirkt hier, wie übrigens auch bei den Henna-Rastiks, als kräftige Beize, die selbst färbt und vor allem die Lackbildung der Gemische kräftig fördert.

Wichtig ist, daß der Brei möglichst heiß aufgetragen wird, wie denn die Wärme eine große Rolle bei der Entwicklung bzw. der Fixierung der Hennatönungen spielt, in Form von feuchter Wärme. Dies haben wir bereits früher schon hervorgehoben. Wärme beschleunigt also die Färbung und sind daher auch im Sommer die Nuancen rascher und kräftiger entwickelt wie im Winter, soweit nicht künstliche Erwärmung mit herangezogen wird, was wir bei dunkleren Nuancen im früher angedeuteten Sinne immer empfehlen möchten. Sogar bei hellen (Blond-) Nuancen kann oberflächlicheres Erwärmen (feuchte Wärme, Andämpfen der Haare im Wärmeapparat) förderlich sein, wobei aber daran zu denken ist, daß zu langes Erwärmen zu dunkle Nuancen liefern kann.

Die ohne solche künstliche Erwärmung erhaltenen Nuancen, bei deren Erzielung nur die Wärme des Breies und Einschlagen des gefärbten Kopfes in warme Wolltücher farbentwickelnd wirken kann, ist stets eine starke Nachdunklung der ursprünglich erhaltenen Tönung zu beobachten, die allmählich unter dem Einfluß der Luft eintritt. Durch künstliche Erwärmung erzielte Tönungen dunkeln an der Luft ebenfalls nach, aber nur in viel geringerem Maße. Sehr interessant ist es, die stark nachdunkelnde Wirkung der Wärme bei Hennafärbungen, die ohne künstliche Erwärmung vorgenommen wurden, zu konstatieren, die durch die auch im Sommer modernen, dicht anliegenden und heißen Filzhüte der Damen hervorgerufen wird. Alle diese Umstände verdienen Beachtung und sollten Veranlassung geben, die künstliche Erwärmung oder aber die Mitverwendung bzw. nachträgliche Anwendung eines Beschleunigers, soweit tunlich, obligatorisch zu machen.

Bei manchen Hennafärbungen kann die Tatsache beobachtet werden, daß nach Beendigung der Applikation noch ein guter Teil dieser Haare bei viel weißem Haar ungefärbt erscheint und eine Färbung erst allmählich annimmt. Will man diesen Umstand, der meist das Mißfallen der Kundschaft erregt, vermeiden, so muß entweder die künstliche Erwärmung angewendet werden oder aber ein beschleunigendes Mittel intervenieren. Dies selbstverständlich nur nach Maßgabe der Umstände, um eine gleichmäßige Färbung zu erzielen, anderseits muß die frische Färbung im allgemeinen Ton heller sein als die definitive gewünscht wird, sonst besteht die Gefahr der Überfärbung, die absolut zu vermeiden ist. Es ist also vor unüberlegter Verwendung der Accélérateurs zu warnen, da hierdurch ein zu starkes Nachdunkeln der Gesamtnuance eintreten kann. Wichtig ist es also vor allem, ja keine zu dunkle Nuance zu wählen und in vielen Fällen lieber keinen Accélérateur zu verwenden. Hierüber kann aber nur die Erfahrung entscheiden und dies nur von Fall zu Fall.

Daß ebenso das Erwärmen nicht übertrieben werden darf, versteht sich von selbst.

Also größte Vorsicht bei Verwendung von Beschleunigungsmitteln und dieselben erst nach einigen Tagen anwenden, falls dies tunlich erscheint.

Beschleunigend wirken Oxydationsmittel, wie Wasserstoffsuperoxyd und Kaliumpermanganat, auch Alkalien (Ammoniak usw.) wirken beschleunigend, ebenso Persalze (Natriumperborat usw.). Abschwächend wirken Säuren (Citronensäure, Essigsäure, Mineralsäuren usw). Manche Autoren empfehlen direkten Zusatz von Wasserstoffsuperoxyd oder anderen Beschleunigern (Alkalien) zum Hennabrei, doch wird hierdurch die Gefahr eines zu starken Nachdunkelns gegeben. Viel zweckmäßiger, im Sinne sicherer Vermeidung der Nachdunklung wären hier von anderen Autoren empfohlene Zusätze verzögernder Art, wie Essig, Citronensaft usw.

Auch die sogenannten Oxydationsfarben (Anilinderivate, wie „Aureol" usw.) wurden als Beschleuniger bei Hennafärbungen empfohlen. Man hat jedoch die Erfahrung gemacht, daß diese Mittel in den meisten Fällen viel zu sehr nachdunkeln. Ihre Verwendung ist daher weniger zu empfehlen.

Es gehört jedenfalls zur richtigen, sachgemäßen Verwendung eines Accélérateurs große Sachkenntnis und Geschicklichkeit, auf keinen Fall darf also durch diese Beschleunigung die Gefahr einer Überfärbung auch nur möglich gemacht werden, denn dieses Übel ist bei Hennafärbungen praktisch überhaupt nur äußerst schwer zu beheben oder nur wesentlich zu mildern.

Bei eventueller Verwendung von Wasserstoffsuperoxyd als Accélérateur bei Hennafärbungen ist stets auch an die Gefahr gewisser, oft erst später auftretender roter, unnatürlicher Reflexe zu denken, die praktisch so gut wie gar nicht zu beseitigen sind.

Das beste Beschleunigungsmittel ist die künstliche Erwärmung in entsprechend konstruierten Apparaten, die geöffnet werden können, um das Haar von Zeit zu Zeit zu beobachten.

Zur Erzielung gewisser Bronzetöne wird ein Zusatz von Rotwein zum Hennabrei empfohlen (Acajou-Töne).

Der Hennabrei wird auf das noch feuchte, gut entfettete Haar aufgetragen unter Einhaltung der weiter unten beschriebenen Modalitäten. Eine gut gelungene Hennafärbung ist u. a. stets daran zu erkennen, daß das Haar schönen Glanz zeigt und geschmeidig ist. Dies ist generell wichtig!

Keinesfalls dürfen Hennafärbungen auf früher mit Metallsalzlösungen gefärbtes Haar aufgetragen werden, insbesonders nicht auf Haare, die früher mit Silberfarben gefärbt wurden. In solchen Fällen riskiert man spinatgrüne Töne der häßlichsten Art. Früher mit Metallfarben gefärbtes Haar muß also sorgfältig abgezogen werden.

Zu bemerken ist noch, daß in vielen Fällen die Beschleuniger (Wasserstoffsuperoxyd, Alkalien usw.) die rötlichen Reflexe verstärken, was nicht immer erwünscht ist.

Reflexfärbung. In vielen Fällen bedient man sich ganz schwacher Hennakataplasmen mit etwa 5minütlicher Wirkungsdauer, um auf natürlich gefärbtem Haar rötliche Reflexe zu erzielen. So bedient man sich des Henna-Shampoons besonders für blonde Haare. Für dunkles Haar nimmt man einen stärkeren Hennabrei, der mit Citronensaft angemacht wurde und läßt ihn etwa 20 bis 30 Minuten liegen.

Diese Reflexe erscheinen sofort nach dem Trocknen der Haare, werden aber ebenfalls an der Luft kräftiger.

Für die volle Entwicklung einer Henna-Tönung rechnet man im Mittel 3 Tage, wenn kein beschleunigendes Verfahren angewendet wurde.

Nachwaschen mit neutraler Seife und schließlich Säurespülung beschließen die Färbung, worauf getrocknet wird.

Applikationstechnisches

Nur guterhaltene, bzw. frische Henna kann gute Resultate geben. Henna soll nicht älter als 1 Jahr sein und hält sich während dieser Zeit nur tadellos, wenn sie in dichtschließenden Gefäßen, vor Feuchtigkeit und Licht geschützt in Porzellan- oder Steingutgefäßen u. dgl. aufbewahrt wird. Metall- (Blech-) Behälter sind ausgeschlossen.

Gute, frische Henna hat eine ziemlich lebhafte gelbgrüne Farbe und gibt, mit Wasser angerührt, einen Brei, der lebhaft grün gefärbt ist und wie Spinat aussieht. Rötliche Sorten von Henna sind minderwertig und als havariert anzusehen (feuchtgewordene Henna). Je lebhafter die grüne Farbe der Henna ist, desto kräftiger wirkt sie als Haarfarbe und Beize.

Zu einem Breiumschlag für langes Frauenhaar benötigt man etwa 100 g Henna bzw. Henna-Gemisch, jedoch sind die Mengen variabel.

Das Hennapulver bzw. alle Bestandteile des Gemisches werden mit sehr heißem (aber nicht kochendem) Wasser zu einem sämigen Brei angerührt, dessen Konsistenz so sein muß, daß er sich leicht auf das Haar auftragen läßt, und darf dieser Brei keine Klumpen haben. Das Anrühren der Henna geschieht mit einem Holzspatel in einem emaillierten (bzw. Porzellan-) Gefäß, keinesfalls dürfen hierzu blanke Metallgefäße (Eisen oder Kupfer) verwendet werden. Gut emaillierte Schalen sind vorzuziehen, jedoch darf der Email nicht schadhaft sein. (Schadhafter Email kann zur Bildung grüner Flecken auf dem Haar Veranlassung geben.)

Abb. 5

Diese Emailschale paßt auf ein Wasserbad (siehe Abb. 5), so daß dort ein Brei heiß gehalten werden kann. (Das Wasserbad ist mit heißem Wasser gefüllt, in das die Schale getaucht wird. Erhitzen im Wasserbade kommt nicht in Frage.)

Inwieweit gewisse Zusätze zum Beschleunigen tunlich sein können, haben wir bereits früher besprochen.

Abgesehen von anderen Beschleunigern (Wasserstoffsuperoxyd usw.) nutzt hier oft auch ein kleiner Ammoniakzusatz sehr viel.

Der Brei muß bis zum Augenblick des Auftragens gut heiß gehalten werden, eventuell ist die Breischale zu bedecken. Dies ist von größter Wichtigkeit für eine gute Färbung.

Ebenso, wie bereits kurz erwähnt, die Konsistenz des Breis, der weder zu dünn noch zu dick sein darf.

Wichtig ist auch eine entsprechende Abteilung des Haares, die entweder vom Kreuzscheitel ausgeht oder vom einfachen Mittelscheitel, wie nachstehend erläutert werden soll.

Zum Auftragen des Breis bedient man sich am besten einer breiten Färbebürste wie in Abb. 6 dargestellt.

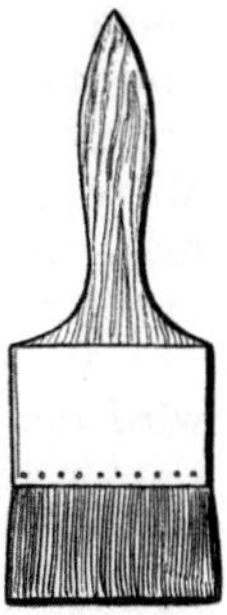

Abb. 6

Man teilt die Haare durch einen Mittelscheitel in zwei Hälften, ganz wie bei der Applikation der flüssigen Haarfarben, S. 101, Abb. 1, angegeben. Nun nimmt man mit der Hand (nicht dem Kamm) eine Strähne in der Mitte zwischen Stirn und Wirbel und bestreicht sie zuerst von unten,

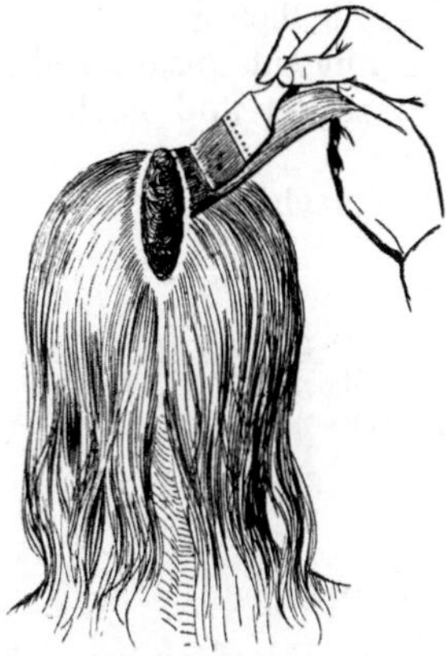

Abb. 7

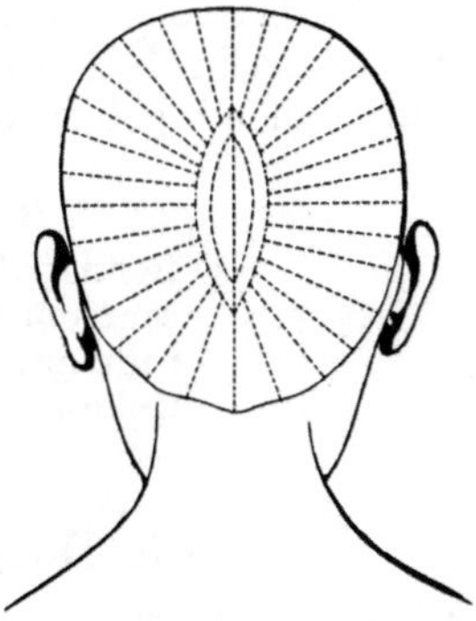

Abb. 8

dann von oben mit Färbebrei. Ist diese Strähne genügend mit Färbemasse bestrichen, so rollt man sie zusammen und legt sie in die Mitte des Kopfes (siehe Abb. 7). Nun nimmt man die gegenüberliegende Strähne von der anderen Seite des Scheitels und verfährt damit ebenso.

Diese beiden zuerst gefärbten Strähne werden zusammengeknäuelt und liegen so in der Mitte des Kopfes, hier die Unterlage für die nachfolgend zu färbenden Strähne bildend. Man nimmt nun eine etwa 1 cm breite Strähne der Vorderpartie, verfährt ebenso usw. indem man immer strahlenförmig erst von der einen Seite bis zur Ohrlinie heruntergeht, dann von der anderen Seite analog und packt jeden gefärbten Strähn in der Mitte zum gefärbten Haarschopf auf. Zum Schluß bearbeitet man in analoger Weise, strahlenförmig vorgehend die beiden unteren Hälften (Nackenpartien) wie in Abb. 8 skizziert.

Wenn die letzte Strähne mit Farbbrei imprägniert ist, wird der ganze Haarknäuel noch mit Farbe bestrichen und dann Papier aufgelegt, während der ganze Kopf in dicke Wolltücher eingehüllt wird, falls nicht der Wärmeapparat in Tätigkeit treten soll. Wird dagegen angewärmt, so setzt man den nur mit Papier umhüllten gefärbten Haarknäuel im Wärmeapparat während der vorgesehenen Zeit feuchter Wärme aus, soweit es nicht vorzuziehen ist, den Knäuel zu entwirren und die Haare in langen Strähnen im Innern des Apparates anzuwärmen.

Nach Beendigung der Dauer des nötigen Kontakts wird zunächst mit fließendem warmem Wasser gründlich durchgespült, dann Waschung mit neutraler Seife und schließlich Säurespülung (Citronensäure) vorgenommen. Sobald genügend ausgewaschen, müssen die Haare prächtigen Hochglanz zeigen und nach dem Trocknen geschmeidig sein.

Nachstehend geben wir noch eine Vorschrift für

Henna-Shampoon

Hennapulver	60 g
Ammoniaksoda	100 „
Seifenpulver, neutral ..	600 „
Kokosseifenpulver	100 „

Die Henna-Rastik-Färberei

Diese modernste aller Methoden der Haarfärberei gibt, von Künstlerhand angewendet, Resultate, die jene aller anderen Haarfärbemittel weit in den Schatten stellen. Wir glauben nicht zu viel zu sagen, wenn wir der Ansicht Ausdruck geben, daß diese Methode in absehbarer Zeit alle anderen Verfahren verdrängen wird, ganz besonders aber die veraltete Methode der Metallsalzfärbung in Form von Lösungen.

Allerdings, und dies sei gleich zu anfang hervorgehoben,

stellt die wirklich zweckmäßige Verwendung der Henna-Rastiks ganz außerordentlich hohe Anforderungen an den Applikateur, in Bezug auf fachtechnische Routine, gut entwickelten Takt und ästhetischen Sinn und nicht zuletzt auch wissenschaftlich-exaktes Denken, allein zu ermöglichen durch genügende chemische Vorbildung. Besonders wichtig ist hier auch eine möglichst restlose Kenntnis der Zusammensetzung der Haarfarbe, weil nur eine solche es ermöglicht, gewisse chemische Reaktionen vorauszusehen, bzw. unerwünschte Nebeneffekte mit Sicherheit auf chemischem Wege zu beseitigen. Es ist dem außerhalb der Haarfärbepraxis stehenden Fabrikanten naturgemäß auch nicht annähernd möglich, den individuellen Anforderungen an eine Haarfarbe so gerecht zu werden, daß der Applikateur für seine Zwecke, die nur er allein zu beurteilen vermag, in allen Fällen vollauf Befriedigung findet. Ein Beweis für die Richtigkeit dieser Behauptung liegt schon darin, daß der Applikateur meist aus verschiedenen der ihm gelieferten Nuancen Gemische bereiten muß, die seinen Zwecken entsprechen. Ebenso beweisen die endlosen Rückfragen der Applikateure bei dem Fabrikanten, die von Mißerfolgen berichten und um Anleitung zur Behebung solcher ersuchen, daß hier Außenstehende nur weniger berufen sein können, praktisch verwendbare Haarfarben, speziell nach Art der Henna-Rastiks, zu liefern, als praktische Fachleute, die, entsprechend chemisch vorgebildet oder in inniger Zusammenarbeit mit einem Chemiker, aus der Praxis heraus für eigenen Zweck gut verwendbare Haarfarben herstellen können.

Dies sei immer wieder betont, ohne hierdurch die gewiß anerkennenswerten Leistungen gewisser Fabrikanten auf diesem Gebiete herabsetzen zu wollen, wobei allerdings nicht verkannt werden darf, daß sich — leider — wie stets auch außerordentlich viel minderwertige Sorten solcher käuflichen Haarfarben am Markte befinden, was wohl jeder Applikationsfachmann schon auf eigene Kosten erfahren mußte.

Das Wesen der Henna-Rastiks besteht in einer Vereinigung der Wirkung gewisser, geeigneter Metallsalze oder Metallpulver und anderer chemischer Ingredienzen als Farbniederschlagsbildner und gewisser Vegetabilien, vor allem der Henna, welch letztere hier gleichzeitig als wirkungsvolle Beizen und substantive Haarfarben wirken, soweit es praktisch möglich ist, jedem der Komponenten eine bestimmte Wirkung zuzuschreiben. Tatsächlich verleiht speziell die Henna diesen komplexen Gemischen dadurch ganz besondere Eigenschaften, daß sie, sei es durch ihre klassische Wirkung als Beize, sei es durch Eingehen gewisser Verbindungen komplexer Natur mit den Metallen usw., unter gleichzeitiger Ausnützung ihrer eigenen Färbeeigenschaften, es ermöglicht auch z. B. mit solchen Metallsalzen usw. die allein verwendet, keine guten Färberesultate ergeben, gute fixe Keratinlacke zu erhalten. Dies trifft u. a. auch ganz besonders für Eisensalze zu. Daß sich in analoger Weise auch Indigoblätter (Reng), Orseille, Rhabarber usw. in solchen Gemischen auch in der Henna analoger Weise am Färbeeffekt mitbeteiligen können, ist wohl selbstverständlich.

Es steht jedoch wohl außer Zweifel, daß die wichtigste Rolle in dieser Hinsicht der Henna zukommt.

Erstaunlich ist es sicher, welche Fülle von Nuancen man mit diesen Henna-Rastiks mit relativ einfachen Mitteln erlangen kann und wie sehr die Henna hier die rohen, primitiven Effekte der Metallacke zu verfeinern imstande ist. Auch gewisse häßliche Metallreflexe kommen bei Mitverwendung von Henna viel weniger brutal zum Ausdruck und lassen sich viel einfacher beseitigen als bei den flüssigen Metallsalz-Haarfarben usw. Solche Henna-Metallsalzkompositionen machen auch das Haar weniger stumpf als die Metallsalzlösungen und bewahren ihm in gewissem Sinne den natürlichen Glanz, der von ganz besonderer Wichtigkeit für eine natürliche Wirkung der künstlichen Haarfarbe ist und den man nur recht unvollkommen durch Einfetten vorzutäuschen sucht.

Die Applikationstechnik ist in großen Zügen genau die gleiche wie bei Naturhenna. Auch hier geschieht das Auftragen in Form eines heißen Breis, bei dem man jedoch Zusätze von Beschleunigern usw. besser unterläßt.

Ganz ausgeschlossen ist hier ein etwaiges Beimischen von Wasserstoffsuperoxyd, auch zur Nachbehandlung der gefärbten Haare darf hier Wasserstoffsuperoxyd nicht verwendet werden, aus den bereits öfter erwähnten Gründen der Gefahr des Rauchens und Verbrennens der Haare. Vorbleichen der Haare mit Wasserstoffsuperoxyd wird auch hier oft nötig für helle (Blond-) Nuancen, eventuell auch um die Färbung zu vertiefen. Aber immer muß bei dieser Vorbehandlung daran gedacht werden, nach Erreichung des beabsichtigten Bleicheffektes die Haare zu waschen, daß sie bei Auftragen des Henna-Rastikbreis nicht mehr mit Wasserstoffsuperoxyd befeuchtet sind, eine direkte Mitwirkung desselben an der Färbung im Sinne unserer früheren Ausführungen, nicht in Frage kommen kann. Wir verstehen also unter oxygeniertem Haar in der Henna-Rastikfärberei stets ein solches vorbehandeltes und ausgewaschenes Haar.

Soweit ein Accélérateur bzw. ein Nachdunkeln der Tönung als Nachbehandlung in Frage kommen kann, sind hier z. B. Tannin, Pyrogallol, Ferrosulfat, Kaliumpermanganat oder die eine oder andere Haarfarbenkomposition (z. B. flüssige Haarfarben aus Metallsalzen, besonders solche mit Natriumsulfit in ein Flakon) am Platze.

In vielen Fällen wird die Applikation der Henna-Rastiks ohne künstliche Erwärmung durchgeführt, für dunkle Nuancen möchten wir jedoch immer zur künstlichen Erwärmung in geeignet konstruierten Apparaten, die zur Beobachtung des Haares geöffnet werden können ohne den Kopf daraus zu entfernen.

Wir betonen neuerdings die Wichtigkeit solcher Erwärmung unter Dämpfen des gefärbten Haares bei etwa 50 bis 60° C, weil hierdurch mit einer Mischung ganz verschiedene Töne zu erzielen sind, die aber, was wichtig ist, nach genauer Feststellung der Applikationsdauer und genauer Einhaltung der Temperatur, mit großer Sicherheit in bestimmten Grenzen zu erhalten sind. (Vorprobe auf Versuchssträhne unter gleichen Bedingungen gibt hier sicheren Aufschluß.)

Daß hierbei mit einem gewissen Nachdunkeln[1] an der Luft immer zu rechnen ist, versteht sich von selbst, jedoch ist dieses Nachdunkeln auch nicht annähernd so intensiv wie bei der Applikation ohne Erwärmung. Es ist aber auch hier immer eine entsprechend hellere Nuance zu wählen, doch wiederholen wir, daß mit einem wirklich starken Nachdunkeln an der Luft in normalen Fällen nicht zu rechnen ist, die Nuance der beendeten Färbung im Apparat (zeitweise Beobachtung eines Strähnes der in Vorwärmung befindlichen gefärbten Haare) daher als definitiv und vollentwickelt betrachtet werden kann.

Um dem Leser eine Idee von der Variationsmöglichkeit der Nuancen mit Henna-Rastik bei geeigneter Vorwärmung und eventueller Mitverwendung geeigneter verstärkender Zusätze usw. zu geben, lassen wir nachstehend einige Beispiele dieser Art folgen.

Die Verwendung von Silbersalzen ist bei den Henna-Rastiks selbstverständlich ausgeschlossen, wegen der häßlichen spinatgrünen Töne, die Silber mit Henna gibt.

Nehmen wir z. B. folgende Komposition mit bestimmter Nuance:

---

[1] Zu starkes Nachdunkeln läßt sich übrigens durch Einfetten der Haare verhindern, aber nicht auf die Dauer.

Blond Moyen

Rhabarberwurzelpulver	30	g
Hennapulver	30	„
Eisenpulver	10	„
Borax	2	„
Chlorammonium	2	„

Châtain clair

Henna	48	g
Eisenpulver	36	„
Cobaltnitrat	6	„
Pyrogallol	3,6	„
Campècheextrakt (Blauholzextrakt)	2,4	„

Blond Moyen ergibt auf oxygeniertem Haar nach ½ Stunde ohne künstliche Vorwärmung ein mittleres Blond. Erwärmt man etwa ½ Stunde auf 60° C, so erhält man mit der gleichen Mischung ein helles Châtain, bei ³/₄ Stunden Châtain usw.

Schon ganz geringe Zusätze von Haarfarblösungen wie z. B. Lösungen in einer Flasche mit Natriumsulfit, wie S. 000, ausführlich beschrieben, ermöglichen es mit der gleichen Grundmischung die verschiedensten dunklen Nuancen Châtain bis Braun zu erzielen.

Châtain clair ergibt nach ³/₄ Stunden auf nicht vorbehandeltem Haar ohne Erwärmen Hellbraun (Châtain clair). Auf oxygeniertem Haar nach etwa ³/₄ Stunden ohne Erwärmung Châtain durch Erwärmung auf 60° Châtain foncé.

Gibt man obiger Menge 25 g der Haarfarbe Schwarz (in einem Flakon, S. 53) zu unter gutem Durchmischen des Applikationsbreis, so erhält man bei Anwärmen nach ½ Stunde Braun, nach ³/₄ bis 1 Stunde Schwarzbraun. Steigert man den Zusatz von Schwarz auf 40 g, so erhält man nach ³/₄stündigem Anwärmen schwarze Töne. Gibt man gleichzeitig noch 15 g trockenen Blauholzextrakt zu und erwärmt eine gute Stunde auf 60°, so erhält man Tiefschwarz usw.

Diese Andeutungen geben sicher ein gewisses Bild von einer bis ins unendliche gehenden Modifikationsmöglichkeit. Diese Angaben rücken aber auch Vorteile ökonomischer Art ins rechte Licht, indem Sie den Weg zeigen, mit einer oder zwei Grundmischungen, die selbst als Haarfarben benutzt werden, durch sehr einfache Modifikationen eine ganze Skala von Tönungen erhalten zu können.

Hier bietet sich dem intelligenten Praktiker ein dankbares Arbeitsfeld und die Möglichkeit, ganz Hervorragendes zu leisten und dabei seine Kosten selbst ganz bedeutend zu reduzieren.

Restlose Kenntnis der Grundmischungen vorausgesetzt, wird chemisch-logisches Denken den Praktiker so selbständig machen können, daß er, nur von der einwandfreien Qualität leicht und überall zu beschaffender Rohmaterialien abhängig, seine eigenen Haarfarben herstellen kann und weiß, daß diese auch seinen Anforderungen restlos entsprechen. Daß hierzu fleißiges Studium und zahlreiche praktische Versuche nötig sind, versteht sich wohl von selbst. Diese Mühe macht sich aber bald dadurch bezahlt, daß der Praktiker seine Färbehilfsmittel so gründlich kennt, daß er eine Sicherheit des Arbeitens erlangt, die ohne solche Kenntnisse durch das Abhängigkeitsgefühl bei fertig bezogenen Haarfarben immer stark beeinträchtigt wird.

Das Auswaschen des gefärbten Haares

Hier ist nur zu erwähnen, daß jede Verwendung alkalischer Mittel, also auch alkalischer Seife ausgeschlossen ist. Nachwaschen erfolgt mit gut schäumender neutraler, warmer Seifenlösung (Shampooing). Dann wird mit lauwarmem Wasser klargespült. Nachträgliche Friktionen mit alkoholischen Flüssigkeiten erhöhen den Glanz des Haares.

Dies trifft aber ganz besonders für die Säurespülung zu, die stets das Nachwaschen zu beendigen hat. Etwa 60 g Weinessig oder $\frac{1}{2}$ g Citronensäure oder Weinsäure für zirka 2 Liter Wasser geben eine saure Spülflüssigkeit bester Beschaffenheit. Säurennachbehandlung aviviert die Färbung, verstärkt den Glanz des Haares und übt regenerierende Wirkung aus. Hierbei ist aber immer daran zu denken, daß in manchen Fällen bei den Henna-Rastiks usw. zu stark saure Lösungen die künstliche Färbung beeinträchtigen können.

Die Korrektur von Schönheitsfehlern der künstlichen Haarfarbe

Viele solcher Fehler lassen sich durch korrektes Arbeiten vermeiden und könnten es in noch weitgehenderem Maße werden, wenn die Wichtigkeit chemischer Kenntnisse in der Haarfärberei jene Würdigung gefunden haben wird, die ihr zukommt. Absolut vermeiden lassen sich Fehler dieser Art indes nicht, sind also als unvermeidliche Unerfreulichkeit mit in den Kauf zu nehmen. Dies ist praktisch auch durchaus unwesentlich, vorausgesetzt, daß der Praktiker in der Lage ist, diese Fehler in zielbewußter Weise zu beheben und sich nicht etwa auf das gefährliche, ziellose Herumprobieren verlassen muß. Es kommt praktisch also jenen Methoden, die zur Behebung solcher Fehler dienen können, die allergrößte Wichtigkeit zu.

Hier ist zunächst das zu starke Nachdunkeln der

Nuance im allgemeinen[1] als häufig vorkommender Fehler zu erwähnen.

Dieser stellt immer die Folge einer gewisse Unachtsamkeit dar, indem bei Feststellung des Prozentsatzes weißer Haare (siehe S. 90) bestimmte Auswahl einer entsprechend helleren Nuance Fehler unterlaufen sind. Zu starkes Nachdunkeln läßt sich also durch genaue Vorprüfung des zu färbenden Haares mit einiger Sicherheit vermeiden, doch können immer Zufälle mitspielen, die, trotz aller Sorgfalt zu starkes Nachdunkeln verursachen, weil die Reaktionsfähigkeit des Haares individuell verschieden ist und ein Haar viel intensiver greift wie ein anderes.

Zur Behebung dieses Übelstandes können folgende Mittel in Frage kommen:

1. Säurenachbehandlung

a) Mit Citronensaft. Man nimmt den frisch ausgepreßten Saft von vier Citronen und tränkt damit das Haar. Dann schlägt man den Kopf in ein Tuch ein und läßt zirka $\frac{1}{2}$ Stunde wirken. Eventuell muß diese Prozedur wiederholt werden.

b) Mit Oxalsäure. Man tränkt das Haar mit einer Lösung von 10 g Oxalsäure in 200 g Wasser, läßt kurze Zeit einwirken und wäscht dann mit reichlichen Wassermengen nach. Vorsicht beim Gebrauche dieses Mittels und sorgfältig nachwaschen, da Oxalsäure giftig wirken kann, wenn der Kontakt zu lange dauert.

c) Mit Salzsäure. Waschungen mit Salzsäurewasser, enthaltend etwa 2 bis 3 g konzentrierter Salzsäure in 1 Liter Wasser. Gut auswaschen.

Nach der Säurebehandlung darf selbstverständlich nicht mit Seife nachgewaschen werden, da Seife als mildes Alkali wirkt und so durch Aufhebung der Säurewirkung wieder Intensivierung der Nuance hervorrufen könnte.

2. Kombinierter Prozeß

Zuerst Ferrosulfat- (Eisenvitriol-) Lösung auftragen, wodurch die Färbung zunächst noch dunkler erscheint. Dann gleich hinterher eine gesättigte Kochsalzlösung, wodurch nicht unbeträchtliches Aufhellen spontan eintreten kann.

3. Wiederholte Friktion mit Alkohol

kann auch zur Aufhellung der Färbung beitragen.

[1] Zur Verhinderung des Nachdunkelns wurde von verschiedenen Autoren Einfetten der Haare nach der Färbung empfohlen. Einfetten kann das Nachdunkeln aber auf die Dauer nicht verhindern.

4. Jodkalibehandlung

Mit heißer Jodkalilösung 1 : 15 Wasser behandeln, analog wie beim „Abziehen", siehe S. 93.

5. Wasserstoffsuperoxydbehandlung

Dieselbe sollte, aus den früher erwähnten Gründen, niemals bei Metallsalzfärbungen, also auch bei Henna-Rastiks niemals herangezogen werden. Bei Naturhennafärbungen kann sie als erlaubt gelten, doch sollte man hier nur nach dem Prinzip der „Mattbleiche" vorgehen, das Wasserstoffsuperoxyd also nur mit Zusatz von kohlensaurem Magnesium oder Mehl verwenden, und nachher stets Säurespülung vornehmen. Man kann in den erlaubten Fällen, also nach folgendem Ansatz eine Abschwächermischung bereiten:

Flüssige Seife, neutral ..	30 g
Wasserstoffsuperoxyd 3%	20 „
kohlens. Magnesium	10 „
Ammonium 25%, 6 Tropfen.	

Mit einem Wattebausch die zu dunklen Stellen einreiben, etwa 5 bis 10 Minuten einwirken lassen, dann abspülen und mit angesäuertem Wasser nachwaschen.

Bei Metallsalzfärbungen kann auch in manchen Fällen kräftiges Auswaschen und längerer Kontakt des gefärbten Haares mit einer heißen Lösung neutraler Seife durch Bildung von Metalloleat aufhellend wirken, wobei aber immer daran zu denken ist, daß nur neutrale Seife, soweit tunlich, hier in Frage kommen kann, um Alkaliwirkung (Nachdunklung) zu vermeiden. In diesem Falle aber Vorsicht, daß keine grünen Flecken entstehen.

Flecken und häßliche Reflexe

Diese stellenweise auftretenden Mißfärbungen werden durch lokale Behandlung der betreffenden Stellen mit geeigneten Mitteln beseitigt.

Lila-Reflexe. Sind typisch für Anilinderivate (Oxydationsfarben), besonders für Paraphenylendiaminfarben, die hier praktisch ohne Interesse sind.

Solche Reflexe können aber hie und da auch bei anderen Haarfarben beobachtet werden und sind Zeichen unsachgemäßer Anwendung. (Applikationsfehler wie zu reichliches Auftragen usw.) Lilatöne werden durch Befeuchten mit Pyrogallol- oder Alkalisulfidlösungen (Fixateure) behoben.

Grüne Flecken und Reflexe. Diese sind am häufigsten zu beobachten. Olivgrüne Flecke deuten auf Bildung von ölsaurem Salz bei zu fetten Haaren hin, auch wenn das zu färbende Haar bei vorherigem Shampoonieren nicht gut klargespült wurde, also noch Seifenreste enthält, können analoge Flecke beobachtet werden, ebenfalls infolge Bildung von ölsaurem Metallsalz. Auch kalkhaltiges Wasser kann zur Bildung grüner Flecken Veranlassung geben.

Grüne, metallisch glänzende Flecken und Reflexe können häufig bei Silberfärbungen beobachtet werden, kommen aber auch bei anderen Metallsalzen vor.

Auch im allgemeinen zu reichliche Anwendung flüssiger Metallsalzfarben (Tränken der Haare), das auf alle Fälle auch um gesundheitliche Schädigungen zu vermeiden zu unterbleiben hat, kann Veranlassung zu häßlichen grünen, metallisch glänzenden Reflexen geben.

Grüne Flecken beider Arten werden durch Behandeln mit Schwefelalkalien beseitigt:

z. B. Schwefelkalium ..	5 g
gelöst in heißem Wasser	100 „

heiß auftragen, etwa 5 bis 10 Minuten einwirken lassen, dann auswaschen.

In manchen Fällen leistet hier auch eine Lösung von 1 Teil Natriumthiosulfat in 50 Teilen Wasser gute Dienste.

Als rasch eintrocknendes Mittel wird auch alkoholische Schwefelkaliumlösung empfohlen:

Schwefelkalium	10 g
Alkohol 80%	80 „

Ein kombiniertes Verfahren, das sehr gute Resultate ergibt, ist das folgende: Zuerst eine 10%ige Kupfersalzlösung auftragen, dann erst Schwefelkaliumlösung.

Auch Jodkalilösung (10 : 150 heißes Wasser) kann hier abhelfen, speziell bei Silberreflexen.

Spinatgrüne Flecken sind auf Henna-Silberverbindungen zurückzuführen und können nur durch Auflage von Naturhenna beseitigt werden, wenn alle Abzugsmittel für Silber versagen.

Rosa Töne kommen besonders häufig bei Anilinderivaten vor, neben den erwähnten Lila-Reflexen. Solche Tönungen können sich aber auch mit der Zeit bei normal durchgeführter Färbung (bei den gefärbten weißen Haaren) besonders im Sommer geltend machen. Sie werden leicht durch Schwefelalkalien entfernt.

Rote, fuchsige Töne. Solche sind bei Silberfärbungen besonders häufig zu beobachten. Namentlich durch salzhaltige Luft entstehen solche fuchsig-metallischen Töne. Auch bei Cobaltfärbungen können solche, oft ausgesprochen rote Töne beobachtet werden.

Hiergegen verwendet man Tannin, Ferrosulfat, Schwefelalkalien oder Natriumthiosulfat. Zu bemerken ist hier noch folgendes: Rote, fuchsige Reflexe treten bekanntermaßen sogar bei Haar mit Naturfarbe durch Alkalibehandlung, bzw. Wasserstoffsuperoxydbehandlung (dunkle Haare) auf.

Auch bei künstlich gefärbtem Haar kann Alkaliverwendung, oft, und zwar in viel stärkerem Maße, solche fuchsigen Töne hervorrufen, auch Wasserstoffsuperoxyd sie begünstigen. Auch stärkere Auflage von Naturhenna, respektive von nicht genügend neutralisierter Henna kann (mehr karottenrote) Mißtöne hervorrufen. Andererseits kann Alkali-Behandlung bei gewissen Haarfarben auch häßliche Reflexe durch Nachdunkeln beseitigen helfen (vgl. weiter unten).

Bei Hennafärbungen auftretende zu starke Rotreflexe werden zweckmäßig durch Indigoblätter, Persio oder Blauholzextraktbehandlung zum Verschwinden gebracht. Auch Verwendung von Tannin, bzw. tanninhaltigen Vegetabilien (Galläpfel usw. auch Rhabarber, der auch durch seinen gelben Farbstoff die roten Hennatöne neutralisiert) leistet hier gute Dienste. Besonders empfohlen wird folgendes kombiniertes Verfahren. Man macht eine leichte Breiauflage von:

Hennapulver	3 Eßlöffel
Eisenvitriol (Ferrosulfat)	10 ,,
Tannin	5 ,,

Man kocht in einer genügenden Menge Wasser aus, um einen sämigen Brei zu erhalten, den man aufträgt und eine Viertelstunde liegen läßt. Dann wird erst mit Wasser, dann mit Säurewasser abgespült.

Zu hell ausgefallene Färbungen. Diese werden mit Beschleunigern (Accélérateurs) behandelt, wobei rasches Nachdunkeln erreicht werden kann. Vorsicht gegen unerwünscht starkes Nachdunkeln ist hier immer am Platze. Anilinderivate (Oxydationsfarbenkompositionen mit Wasserstoffsuperoxyd) sind hier nicht zu empfehlen, einmal weil Wasserstoffsuperoxyd bei Metallsalzfärbungen usw. direkt gefährlich wirken kann, dann aber auch, weil der Anilinfarbstoff meist viel zu brutal nachdunkelt und ein solches Nachdunkeln praktisch überhaupt nicht rückgängig gemacht werden kann.

Als Beschleuniger kommen in Frage: Pyrogallol, Kaliumpermanganat u. a. (siehe auch S. 75).

Hier kann auch Blauholzextrakt hervorragende Dienste leisten (in heißer Lösung verwenden!).

Auch die S. 53 beschriebenen Haarfarben mit Metallsalzen in einer Flasche sind hier vorzüglich verwendbar, um die Nuance kräftiger hervortreten zu lassen.

Auch Alkalien wirken nachdunkelnd. Bei ihrer Verwendung ist aber immer daran zu denken, daß unzweckmäßige Verwendung von Alkalien auch unerwünschte rötliche (fuchsige) Reflexe hervorrufen kann (vgl. oben).

Dies schließt aber keineswegs etwa die Verwendung von Alkalien zum Nachdunkeln aus, entsprechend verwendet können sie gute Resultate geben.

Verwendung von Anilinfarbstoffen zu Korrekturzwecken. Gewisse Anilinfarbstoffe, die auch in der „Bronzefärberei" eine Rolle spielen, können zu Korrekturzwecken hie und da Verwendung finden.

So kann man gewisse Bronzetöne durch Bestreichen des Haares mit alkoholischer Eosinlösung ganz erheblich akzentuieren. Auch gewisse rötliche Reflexe, die unnatürlich wirken, werden in analoger Weise durch alkoholische Malachitgrünlösung oder Nigrosinlösung verdeckt.

Das Blondieren der Haare durch bleichende Mittel

Abgesehen von einigen anderen Mitteln, die hier ebenfalls zur Blondierung des Haares mit herangezogen werden können, ist das Wasserstoffsuperoxyd in leicht ammoniakalisierter Lösung das weitaus wirksamste und gebräuchlichste.

Ebenso können Persalze (Natriumperborat, Natriumpersulfat u. a.) im Gemisch mit Säuren (Citronensäure usw.) als Wasserstoffsuperoxydentwickler in Frage kommen, werden praktisch aber viel seltener verwendet als das flüssige Wasserstoffsuperoxyd des Handels.

Wir haben bereits früher auf die Gefährlichkeit des Wasserstoffsuperoxyds in ammoniakalischer Lösung hingewiesen und wiederholen hier zunächst ganz allgemein, daß zu intensive und zu häufige Wasserstoffsuperoxydanwendung das Haar empfindlich schädigt. Es greift vor allem die Haarrinde (Keratinhülle) stark an und macht diese porös und so das Haar brüchig. Wir wiederholen hier diesen Hinweis und fordern den Praktiker zu größtmöglichster Vorsicht auf, die prinzipiell darin zum Ausdrucke kommen soll, zu häufige Blondierungen zu unterlassen und in keinem Fall stärkere Wasserstoffsuperoxydlösungen als solche von 3%, in der Regel aber stets noch schwächere, zu verwenden. Auch ist es nicht minder wichtig, den Ammoniakzusatz auf ein Minimum zu beschränken, weil dieser kaustisch wirkt und die zerstörende Wirkung des Wasserstoffsuperoxyds auch durch Bildung von Ammonsalzen erheblich akzentuiert. Daß auch in allen Fällen kein unnötig langer Kontakt des Wasserstoffsuperoxyds mit dem Haar stattfinden darf, versteht sich von selbst, keinesfalls soll derselbe etwa auf dem Haar eintrocknen. Sofortiges Nachspülen mit Wasser (keine Seifenwaschung) und schließlich Säurespülung (Essig, Citrone) sind unbedingt vorzunehmen, weil nur die Säuren jene Salze restlos zerstören, die bei längerer Einwirkung das Haar schädigen. Die oft empfohlene Schnellbleiche mit 10%igem Wasserstoffsuperoxyd, hergestellt durch Verdünnen des Perhydrols, ist absolut zu verwerfen. Zu empfehlen wäre allgemeine Einführung der sogenannten „Mattbleiche", die verdünntes Wasserstoffsuperoxyd mit kohlensaurem Magnesium oder Mehl gemischt in Breiform verwenden läßt. (Auftragen mit einem Wattebausch), z. B.:

Neutrale, flüssige Seife ..	30 g
Wasserstoffsuperoxyd 3%	20 „
kohlens. Magnesium	10 „
Ammoniak, 25%, 6 Tropfen.	

gut mischen und auftragen. Etwa 20 Minuten wirken lassen, dann abspülen (Schlußwaschung mit Essigwasser).

Der Magnesiumkarbonatzusatz mildert die schädliche Wirkung des Wasserstoffsuperoxyds ganz erheblich und beschleunigt noch die Bleichwirkung. Magnesiumkarbonat verhindert auch die Bildung zu starker rötlicher Reflexe. Mehlzusatz hat sich weniger bewährt, kommt aber ebenfalls statt Magnesiumkarbonat zur Verwendung. Die Ammoniakmenge betreffend, sei als ungefähre Norm ein Zusatz von 10 Tropfen 25%igem Ammoniak (Salmiakgeist) für je 100 g 3%iges Wasserstoffsuperoxyd festgesetzt, die keinesfalls wesentlich überschritten werden darf, um die Bildung zu großer Mengen schädlicher Salze zu verhindern.

(Bei dem meist Schwefelsäure enthaltenden Wasserstoffsuperoxyd des Handels bildet sich durch Zusatz von Ammoniak salpetersaures Ammonium, das die Haare stark angreift.)

Seifenwaschungen nach beendeter Applikation des Wasserstoffsuperoxyds sind besser zu unterlassen, weil Seife als mildes Alkali hier den Effekt der schädlichen Salze unterstützen könnte. Praktisch ist aber auch bei nachheriger Seifenwaschung, wenn unmittelbar nachher mit Säurewasser nachgespült wird, keine Schädigung zu erwarten und wenden auch viele Praktiker, trotz entgegenstehender Warnung gewisser Autoren, Seifenwaschungen mit bestem Erfolg an. Wir fügen hier nur kurz einen Hinweis ein, der die haarzerstörende Wirkung des Wasserstoffsuperoxyds auf das Haar hervorhebt, nämlich jenen, daß man in der Kosmetik das Wasserstoffsuperoxyd zur allmählichen Entfernung lästiger Körperhaare verwendet, die zuerst entfärbt, aber bald brüchig werden und ausfallen.

In großen Zügen läßt sich die Blondierungsoperation mit Wasserstoffsuperoxyd wie folgt darstellen: Man shampooniert das Haar und wäscht aus. Die Applikation geschieht auf das feuchte Haar. Einige Praktiker weisen allerdings darauf hin, daß ein Vorwaschen ganz zwecklos sei und die Applikation auch auf relativ fettes, schmutziges Haar direkt erfolgen könne. Indes, unserer Ansicht nach, kann Vorwaschen hier nichts schaden und gestattet auf dem gereinigten Haar sicher eine raschere Wirkung des Wasserstoffsuperoxyds auf das Haar, als dies etwa bei schmierigem, fettem Haar der Fall wäre.[1]

Man appliziert nun die verdünnte Wasserstoffsuperoxydlösung, bzw. den Brei der Mattbleiche mit einem Wattebausch oder Schwämmchen, so daß die Haare gut durchtränkt sind, dies aber in nicht so reichlichem Maße, daß ein Überschuß der Bleichlösung herabfließen kann, die Haare also etwa triefen. Auch hier ist zu reichliche Anwendung streng zu unterlassen, weil in vieler Beziehung schädlich.

Man läßt etwa 20 bis 25 Minuten einwirken (im Sommer, wenn möglich, an der Sonne!), im Winter in gut geheizten Räumen.

Nun wäscht man aus und spült schließlich mit Essigwasser o. dgl. nach (50 bis 60 g starker Essig in 2 l Wasser).

Man kann auch Citronensaftwasser nehmen, nur ist hier folgendes beachtenswert: Mit Säure beseitigt man jede schädliche Nachwirkung des Wasserstoffsuperoxyds bzw. der sich bildenden Ammonsalze, dies ganz allgemein gesprochen. Mit Essigsäure, Weinsäure u. a. kann man aber auch den Bleicheffekt sofort inhibieren, hat es also ganz in der Hand, im Falle der drohenden

[1] Allerdings ist der gegen das Vorwaschen erhobene Einwand, daß hiedurch das Haar für zerstörende Einflüsse des Wasserstoffsuperoxyds besonders empfindlich wird, sicher nicht unberechtigt.

Gefahr einer Überbleiche, diese durch Befeuchten mit Essigwasser zu verhindern. Anders verhält es sich mit Citronensäure bzw. Citronensaft, der zwar schädliche Wirkung der Salze usw. aufhebt, aber die Bleichung fördert, da Citronensäure selbst aufhellende Wirkung besitzt. Citronensaft gibt dem damit behandelten Haar durch Aufhellung wunderbaren Glanz und Geschmeidigkeit, unterstützt also das Blondieren mit Wassserstoffsuperoxyd in sehr günstiger Weise, weil Citronensäure auch z. B. durch Alkali- bzw. Wasserstoffsuperoxydlösung schwammig degeneriertes Haar regeneriert und kräftigt.

In vielen Fällen empfiehlt sich also sogar eine energischere Nachbehandlung des gebleichten Haares mit Citronensaft, die darin besteht, daß man das Haar mit dem Saft von 3 bis 4 Citronen benetzt, ein Tuch auflegt und den Saft $^1/_4$ bis $^1/_2$ Stunde wirken läßt.

Daß nicht etwa Metallgefäße für Wasserstoffsuperoxyd genommen werden dürfen, versteht sich wohl von selbst.

Vor der Applikation teilt man das Haar durch einen Mittelscheitel in zwei Hälften und bleicht strahlenförmig rings herum bis zur Ohrlinie, wie beim Haarfärben angegeben. Nackenpartien werden zuletzt vorgenommen.

Wasserstoffsuperoxyd wirkt bei der Blondierung des Haares als kräftiges Reduktionsmittel, wenn es in alkalischer Lösung Anwendung findet. Der Ausdruck „Blondieren“ ist jedenfalls zutreffender als „Bleichen“, denn die natürliche Nuance des Haares wird nur allmählich aufgehellt und schließlich blonde aber nicht etwa weiße Töne erhalten. So geht schwarzes Haar bei einmaliger Behandlung in Braun über, nach zweimaliger Behandlung wird es noch heller unter Auftreten roter (Tizian-) Töne und erst nach drei- bis viermaliger Behandlung läßt sich Blond erzielen, das, je nach der Tönung der ursprünglichen schwarzen Färbung, mehr oder minder starke Acajou-Reflexe aufweist. So geben braunschwarze Haare, oder schwarze Haare mit natürlich bräunlichem Schimmer (Noir Espagnol) besonders kräftige rötliche, aber schön harmonische Reflexe. Blauschwarzes Haar (Noir Jais) zeigt im Stadium der vollständigen Blondierung keine rötlichen Reflexe vielmehr ein mattes, strohiges Blond.

Zu fade Blondtöne machen eine leichte Hennaauflage nötig, die ganz herrliche Effekte geben kann. Auch leichtes Henna-Rastik-Nachfärben können hier prächtige Resultate geben, wobei natürlich vorheriges Auswaschen des Überschusses von Wasserstoffsuperoxyd stets vorausgesetzt ist, der ja hier, wie erwähnt, in allen Fällen zu erfolgen hat, um jeden zu langen Kontakt mit dem Haar zu vermeiden.

Natürlich braune Haare sind viel leichter zu blondieren, wobei speziell Châtain-Nuancen schöne Tiziantöne ergeben.

Nach etwa 4 bis 5 Wochen wird immer eine Nachblondierung der Wurzeln nötig sein, da das Haar natürlich in der ursprünglichen Farbe, ja sogar in deutlich dunkleren Tönen nachwächst. Diese Tatsache ist sehr interessant und beachtenswert. Die nachwachsenden Haare sind bei Blondierungen tatsächlich oft bedeutend dunkler als es die ursprüngliche natürliche Nuance war, weshalb z. B. Personen, die die Blondierung unterlassen, ihr Haar zunächst in viel dunklerer Farbe nachwachsen sehen und darüber oft erschrecken. Diese Nachdunklung beschränkt sich aber nur auf die anfänglich nachkommenden Haare, die sich, infolge der Pigmententziehung durch die Blondierung, mit natürlichem Pigment (Haarfarbstoff) angereichert haben. Sobald dieses Pigment in den länger nachwachsenden Haaren wieder gleichmäßig zur Verteilung kommt, nehmen diese wieder ihre ursprüngliche Nuance an, ein Grund zum Erschrecken liegt also keineswegs vor.

Neben der Reduktionswirkung des Wasserstoffsuperoxyds kommt bei eventuell künstlichen Nachfärbungen immer auch seine oxydierende Wirkung zum Ausdruck, indem vorgebleichtes Haar stets kräftiger angefärbt wird als nicht oxygeniertes Haar. (Etwa 2 Nuancen dunkler.)

Nachstehend erwähnen wir rein dokumentarisch die sogenannte „Schnellbleiche“ mit Perhydrol, wiederholen aber, daß wir von einer solchen dringend abraten.

Zur Vornahme dieser Operation wird das käufliche Perhydrol Merck (30%iges Wasserstoffsuperoxyd) entsprechend verdünnt, indem man 15 g Perhydrol mit 100 g Wasser streckt. Man gibt dann 4 Tropfen 25%igen Ammoniak zu und trägt auf. Kontakt maximal 20 Minuten, meist sind 10 bis 15 Minuten ausreichend. Zum Schlusse spült man erst mit reinem, dann mit Essigwasser nach. Hier sollen die Haare keinesfalls vorher gewaschen werden, weil hierdurch das Haar für diese Gewaltmethode zu empfindlich werden kann.

Einige Beobachtungen allgemeiner Art mögen noch folgen:

Wasserstoffsuperoxydbehandlung entfettet die Haare kräftig und entzieht ihnen leider auch Nährstoff und zerstört die Keratinhülle, wodurch das Haar schließlich spröde und brüchig wird. Das mikroskopische Bild des so häufig behandelten, vielmehr mißhandelten Haares zeigt eine siebartig durchlöcherte Keratinhülle. Infolge dieser Fettentziehung bei dem Blondierungsprozeß mit Wasserstoffsuperoxyd ist der Nachwuchs immer stark fettig, da diese nachkommenden Haare stark mit Fett angereichert sind, in analoger Weise wie es bei der Pigmentanreicherung der Fall ist. Diese abnorme Fettanreicherung des Nachwuchses kann zu Seborrhoe (Schmerfluß) der Kopfhaut führen, die sich durch heftiges Jucken äußert.

Andere Blondierungs-, bzw. Bleichmethoden.

Kamillenblüten und Rhabarberwurzel blondieren die Haare durch gelben Farbstoff, speziell die Kamillenblüten besitzen aber eine stark aufhellende, bleichende Wirkung.

Kamilleninfusion

Trockene Blüten	1000g
Kochendes Wasser....	3000 „

Passieren unter Ausdrücken.

Man wäscht die Haare mit dieser heißen Infusion und setzt sie dann möglichst der Sonne aus.

Kamillentinktur

Trockene Blüten	330 g
Alkohol 80%	1 L.

Die aufhellende Wirkung der Kamillenblüten ist nur relativ langsam und schwach. Aus diesem Grunde finden wir im Handel häufig Gemische von Kamilleninfusion und Wasserstoffsuperoxyd, z. B.:

Angesäuertes Wasserstoffsuperoxyd	500 g
Kamilleninfusion	350 „
Alkohol	150 „

H. Schwarz weist auf die bleichende Wirkung des Citronenöles hin und damit auch des Kamillencitratöles. Schwarz gibt für ein solches Kamillenhaarwasser unter anderem folgende Vorschrift:

Kamillenzitratöl	30 g
Rizinusöl	25 „
Alkohol 95%	925 „
Wasser	20 „

Diese bleichende Wirkung des Kamillencitratöles, das nichts weiter als über Kamillenblüten destilliertes Citronenöl ist, ist, abgesehen von der wohl anzunehmenden Mitbeteiligung des ätherischen Öls der Kamille, sicher auf das in den Citronenschalen enthaltene ätherische Öl zurückzuführen. In der Tat können wir beim Citronenöl (auch bei Mandarinenöl u. a.) eine stark bleichende Wirkung konstatieren, wenn wir uns den Korkstopfen der dieses Öl enthaltenden Flasche ansehen. Dieser ist nach kurzer Zeit intensiv gebleicht. Ganz besonders fällt diese ausgesprochene Bleichwirkung bei den Citronenterpenen auf.

Diese Tatsache, die hier nur kurz erwähnt sei, verdient sicher größte Beachtung und können Versuche in dieser Richtung vielleicht ganz neue Wege zur Blondierung des Haares weisen, die auf der Wirkung der Citronenschalen bzw. des darin enthaltenen ätherischen Öls und ganz besonders der (relativ wohlfeilen) Citronenterpene beruht. Es darf als ganz sicher angenommen werden, daß wir einmal in der Lage sein werden, durch Verwendung von Citronenöl o. dgl. eine Blondierungsmethode zu schaffen, deren Risiko bei weitem nicht so groß ist als jenes der Blondierung mit Wasserstoffsuperoxyd, oder wenigstens ein solches, das, eventuell unter Mitverwendung des Citronenöls usw., das Risiko erheblich herabsetzt, infolge des notorisch günstigen, regenerierenden Einflusses des Citronensaftes, der allerdings ganz anders zusammengesetzt ist wie das ätherische Öl der Citronenschale, aber immerhin Schlüsse in dieser Richtung gestattet.

Was nun die in letzter Zeit vielumstrittene effektive Weißbleichung des Haares anlangt unter abwechselnder Benutzung von Kaliumpermanganatlösung und Natriumsulfit- bzw. Natriumthiosulfatlösung, so läßt sich darüber folgendes sagen: Klein (Das Haarfärben am lebenden Haar. Berlin 1911) erklärt, diese Methode als gut geeignet zum völligen Weißbleichen ergrauten Haares und beschreibt sie in großen Zügen wie folgt.

Um ergrautes Haar schneeweiß zu bleichen, verfährt man wie folgt, die dazu verwandten Mittel müssen aber längere Zeit hindurch angewandt werden, um eine Wirkung hervorzubringen.

Wenn die hierzu verwendeten Mittel auch völlig unschädlich sind, so empfiehlt sich doch aus naheliegenden Gründen diese Bleichmethode nicht zu sehr zu forcieren.

Das gründlich gewaschene und getrocknete Haar wird zunächst mit einer erwärmten konzentrierten Lösung von übermangansaurem Kali in Wasser befeuchtet und auf dem Haar eintrocknen lassen. Dadurch bewirkte Dunkelfärbung des Haares und der Kopfhaut ist belanglos, weil man diese Färbung durch das Reduktionsmittel glatt entfernen kann und wird.

Nun trägt man die zweite Flüssigkeit auf, bestehend aus einer Lösung von unterschwefligsaurem Natron in Wasser, der etwas Schwefelsäure zugesetzt wurde. Beim Anfeuchten des durch die Permanganatlösung braungefärbten Haares mit letzterer

Flüssigkeit verschwindet die braune Farbe und das Haar erscheint heller. Dann spült man mit Wasser ab. Nach einigen täglich wiederholten Anwendungen wird das Haar ein schneeiges Weiß haben.

Diese Methode ersetzt (nach Klein) das Bleichen mit Wasserstoffsuperoxyd vollständig und hat vor dieser den Vorteil, die Haare nicht so stark anzugreifen und den Glanz des Haares besser zu erhalten.

Andere Autoren verwerfen diese Methode (Müller) und behaupten, daß dieselbe außerordentlich schädlich für das Haar sei und Haarausfall bewirke. Wie dem auch sei, ist sicher ein verwertbarer Kern in der Permanganatbleiche und es wäre zu wünschen, daß dieses Verfahren, eventuell durch Verbesserungen, zu einem universell anwendbaren ausgestaltet würde.

Nachwuchsbehandlung (Wurzelfärbung)

Wir haben bereits darauf hingewiesen, daß die nachwachsenden Haare besonders fettreich und keratinarm sind, daher der Anfärbung großen Widerstand entgegensetzen. Kräftige Entfettung ist hier also immer angezeigt, ebenso Vorbehandlung mit Wasserstoffsuperoxyd als Beize.

Bezüglich der praktischen Ausführung der Wurzelfärbung sei noch folgendes bemerkt:

Abb. 9

Vor allem ist durch geeignete Maßnahmen zu verhindern, daß der frisch gefärbte Nachwuchs mit dem früher gefärbten langen Haar in Berührung kommt, weil hierdurch, besonders an den Grenzstellen, häßliche dunkle Schattierungen auftreten würden, die sich noch weiter in das gefärbte Haar hineinziehen können. Dieser Mißstand läßt sich durch gewisse Vorsichtsmaßregeln leicht verhindern, wobei vorausgesetzt ist, daß die Färbung analog der in Abb. 2, S. 101, angegebenen Weise des Färbens in Strähnpartien ausgeführt wird. Man schneidet aus rauhem Packpapier (kein satiniertes Papier, das Papier muß saugfähig sein) oder Watte (flache Packwatte) etwa 6 bis 8 cm breite Streifen. Die Breite dieser Streifen richtet sich nach der Länge des zu färbenden Nachwuchses mit einem Plus von 3 cm. Ehe man die Strähne mit den gefärbten Wurzelpartien seitlich auf die anderen Haare überlegt, schiebt man einen solchen Papierstreifen ein, so daß die frisch gefärbten Wurzelpartien bedeckt sind und nicht mit dem übrigen Haar in Berührung kommen können (siehe Abb. 9).

Schwierigkeiten beim Haarfärben durch anormale Haarpartien

Relativ häufig findet man, auch bei jugendlichen Personen, ganz weiße, pigmentlose Haarstellen, besonders auf der Stirnseite des Kopfes (siehe Abb. 10).

Diese Stellen sind ganz besonders widerspenstig gegen Haarfarben jeder Art und müssen mehrmals behandelt werden, ehe es zu einer einigermaßen haltbaren Färbung kommt.

Abb. 10

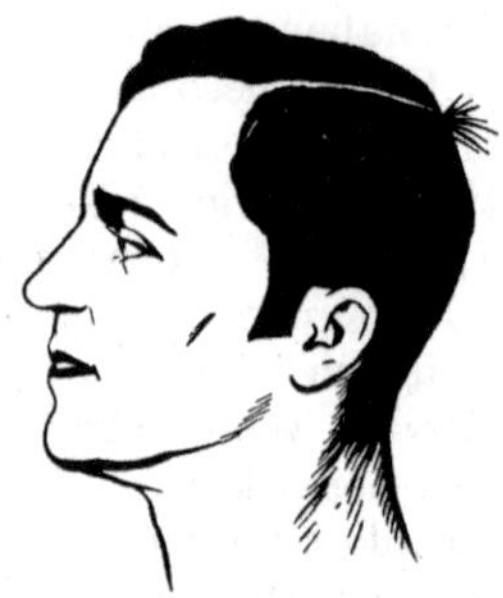

Abb. 11

Auch der sogenannte „Haardorn" (siehe Abb. 11), der besonders bei Männern vorkommt, ist schwer färbbar.

Unter Haardorn versteht man Haarbüschel am Wirbel, deren Haare in ganz entgegengesetzter Richtung wie das übrige Kopfhaar wachsen.

Regeneration stark angegriffener Haare

Besonders übermäßiges Bleichen mit Wasserstoffsuperoxyd zerstört die Keratinsubstanz des Haares rasch, das so teilweise brüchig (trocken) und teilweise schwammig degeneriert erscheint. Auch der Mißbrauch von Alkalien führt zu analogen Erscheinungen, wie die Degeneration des Haares durch Bleichen nicht allein dem Wasserstoffsuperoxyd zuzuschieben ist, sondern für ein gutes Teil Ammoniakmißbrauch auch hier für verantwortlich zu machen ist.

Stark degeneriertes Haar ist in feuchtem Zustande gummiartig elastisch und reißt leicht ab. In trockenem Zustande ist es spröde und brüchig.

Solch degeneriertes Haar läßt sich überhaupt nicht gleichmäßig färben, da die Keratinsubstanz nur noch stellenweise vorhanden ist. Das mikroskopische Bild des degenerierten Haares läßt auch eine siebartige Durchlöcherung der Hornhülle feststellen. Hieraus erklärt sich ohne weiteres, daß solches Haar nur fleckig gefärbt werden kann, d. h. soweit es überhaupt noch die nötige Aufnahmefähigkeit für Farbstoffe besitzen sollte.

Nun wird aber auch eine solche Degeneration des Haares in gewissem Sinne durch Übersättigung des Haares mit Farbstoffen, verursacht durch allzuhäufiges Färben mitveranlaßt, was immer zu bedenken ist.

Zwecks Regenerierungsmaßnahmen kann man folgende Behandlung vornehmen.

Vor allem sollte schwammiges Haar nicht mit Seife gewaschen werden, auch Feuchtigkeitszufuhr ist nicht erwünscht.

Im allgemeinen empfiehlt es sich, das Haar mit starkem 96%igen Alkohol zu durchfeuchten, der zweckmäßig vorher angewärmt und mit einigen Tropfen Ricinusöl versetzt wurde.

Vor allem aber kommt der Säurebehandlung hier größte Bedeutung zu. Wir haben bereits früher die Methoden der Säurebehandlung beschrieben, können uns hier also mit einer kurzen Rekapitulation begnügen. Hier sind zu nennen Citronenbehandlung, indem man den Saft von drei bis vier Citronen aufträgt, zirka ½ Stunde liegen läßt und dann auswäscht. Wiederholte Applikationen von Citronensaft können in ganz wunderbarer Weise regenerierend wirken. Ferner kommen noch häufige Essigwasserspülungen in Frage, auch eventuelle Behandlung mit verdünnten Mineralsäuren.

Auch Borsäurelösungen wirken regenerierend und antiseptisch. Borsäure wird merkwürdigerweise nur selten verwendet, obwohl ihr doch gerade solche Wirkungen zukommen, die hier erwünscht sind, wobei ihre gänzliche Reizlosigkeit vorteilhaft ins Gewicht fällt. Borsäure besitzt auch fäulniswidrige Eigenschaften, die hier ebenfalls wertvoll sind.

Auch härtende Mittel, wie Formalin, geben gute Resultate. Daß Formalin mit entsprechenden Vorsichtsmaßregeln zu verwenden ist, versteht sich von selbst (Schutz der Augen usw.).

Man nimmt etwa zwei Teelöffel Formalin für 2 Liter Essigwasser und wäscht die Haare damit.

Generell wichtig ist es jedenfalls, das im Regenerationsstadium befindliche verdorbene Haar nicht zu feucht zu halten, weil Feuchtigkeit die Degeneration (eventuell durch Fäulniserscheinungen) begünstigt. (Hier ist Borsäure sehr am Platze.) Anderseits bricht trockenes degeneriertes Haar oft sehr leicht, es ist daher während der Regenerationsperiode immer für leichte Fettzufuhr (Ricinusöl) zu sorgen.

Daß auch zu häufiges oder unsachgemäßes „Abziehen“ die Haare stark degenerieren kann, versteht sich wohl von selbst.

Notfärbung degenerierten bzw. übersättigten Haares (Tinten-Färbung, Deckverfahren)

In vielen Fällen kommt eine solche in Frage. Diese Notfärbung kann auch bei nicht stark degeneriertem Haar nötig werden, wenn es sich um einfache Übersättigung handelt, die allerdings immer als Degenerationserscheinung aufzufassen ist.

Zu diesem Zwecke bedient man sich alkoholischer Lösungen gewisser Anilinfarben, die natürlich keine haltbare Färbung ergeben können, sondern nur als provisorische Deckmittel in Frage kommen.

Man hält sich einen Vorrat folgender Lösungen: Malachitgrün, Nigrosin, Methylviolett und Vesuvin (Bismarckbraun) je 15 g in 100 g 96%igem Alkohol gelöst.

Zum Zwecke der Tintenfärbung nimmt man ½ Liter warmes Wasser, fügt etwa 50 g Essig hinzu und gibt nunmehr ein Gemisch vorstehender Lösungen in das Essigwasser, bis man eine entsprechend gefärbte dunkle Tinte erhält. Durch geeignete Dosierung der Anilinfarben lassen sich schwarzbraune bis braune Töne erzielen. Für ausgesprochene braune Töne eignet sich vor allem das Vesuvin (Bismarckbrau). Die Tinte wird mit einem Schwamm aufgetragen und eintrocknen lassen, worauf das Haar durchgebürstet wird.

Diese recht primitive Methode der Notfärbung ließe sich sicher bedeutend vervollkommnen durch Verwendung gewisser Infusionen pflanzlicher Drogen, die eine halbwegs echte Färbung liefern. So wäre daran zu denken, etwa Henna-Rengabkochungen oder solche von einem Henna-Orseillegemisch zu verwenden, auch eventuell gleichzeitig Abkochungen gerbsäurehaltiger Materialien, wie Eichenrinde, Galläpfel u. dgl.

Literatur

Klein, Das Haarfärben am lebenden Haar. Deutsche Friseurzeitung, Berlin.

Müller, Handbuch der Haarfärberei. Berlin. Robert Klett & Co.

Gilbert-Parker, Lehrbuch der Schönheitspflege, S. 65 bis 83. Fachlicher Verlag Ferd. Müllers, Höhere Fachschule für das Damenfriseurgewerbe. Berlin.

Winter, Handbuch der gesamten Parfumerie und Kosmetik S. 636 bis 675. Wien, Julius Springer.

Redgrove & Foan, Blonde or Brunette. The Art of Hair-Dying. London. William Heinemann, Medical Books Ltd.

Schueller, Les Teintures pour Cheveux. Paris. Librairie G. Ficker. 4 Rue de Savoie.

Chaplet, La Teinture des Cheveux. Lyon Parfumerie Moderne.

Poucher, Perfumes, Cosmetics and Soaps. II. Bd., S. 400 bis 410. London, Chapman & Hall.

Sachverzeichnis

Manzsche Buchdruckerei, Wien IX.

GPSR Compliance

The European Union's (EU) General Product Safety Regulation (GPSR) is a set of rules that requires consumer products to be safe and our obligations to ensure this.

If you have any concerns about our products, you can contact us on ProductSafety@springernature.com

In case Publisher is established outside the EU, the EU authorized representative is:

Springer Nature Customer Service Center GmbH
Europaplatz 3
69115 Heidelberg, Germany

Batch number: 10577917

Printed by Printforce, the Netherlands